山西省典型森林及湿地生态系统土壤碳、氮库研究

Study of Soilcarbon and Nitrogen Storage in Forest and Wetland Ecosystem in Shanxi Province

武小钢 著

中国林業出版社

图书在版编目(CIP)数据

山西省典型森林及湿地生态系统土壤碳、氮库研究/武小钢著. －－北京：中国林业出版社，2013.12

ISBN 978-7-5038-7291-4

Ⅰ.①山… Ⅱ.①武… Ⅲ.①森林生态系统－研究－山西省 ②沼泽化地－生态系统－研究－山西省 Ⅳ.①S718.55 ②P942.257.8

中国版本图书馆 CIP 数据核字(2013)第 294660 号

出版 中国林业出版社(100009 北京西城区刘海胡同 7 号)

E-mail liuxr.good@163.com 电话 (010)83228353

网址 http://lycb.forestry.gov.cn

印刷 北京北林印刷厂

版次 2013 年 12 月第 1 版

印次 2013 年 12 月第 1 次

开本 720mm×1000mm 1/16

印张 8.5

字数 152 千字

定价 48.00 元

前　言

碳、氮元素是土壤中的两种关键生源要素，土壤中有机碳和全氮的含量变化显著影响着生态系统的生产力。森林生态系统占据了全球碳收支的重要部分，据估计森林土壤占全球土壤有机碳库的70%～73%，森林碳库尤其是森林土壤碳库的微小变化，都可引起大气CO_2浓度的显著变化(Birdsey，1993；Sundquist，1993)。尽管研究者在土壤有机碳方面做了一些研究，然而由于有机碳库和氮库组成的复杂性及影响因素的多样性，在有机碳、氮的研究中增加了更多的不确定性。

由于植被、气候、土壤类型及研究方法等方面的差异，目前还不能正确而充分地认识森林生态系统碳循环的过程，尤其对山地森林土壤SOC贮量、组分、动态以及空间分布规律的研究，仍然是土壤碳循环研究中的需要补充的领域(Fehse，2002)。湿地是重要的自然资源，湿地土壤性质、植被特征、环境因子和人类活动等直接影响着湿地土壤有机碳和全氮的储存量。

本书以山西省典型森林生态系统芦芽山国家级自然保护区及湿地生态系统长治国家城市湿地公园为研究区域，对芦芽山山地垂直带主要植被类型下土壤碳、氮剖面分布特征、沿海拔梯度土壤有机碳及全氮的分布特征及不同海拔典型植被土壤有机碳和全氮的空间异质性进行了研究；针对长治湿地系统土壤碳、氮距离湿地水域距离远近的土壤碳氮库的水平分布特征、植被和土壤因子与土壤碳氮的关联、在此基础上提出合理的湿地评价体系研究。

本书由山西省青年基金项目“基于关键生态过程的湿地生态安全机理与评价方法研究(2010021027－4)”和“华北落叶松细根构型与土壤有效氮营养的关联性研究(2010021028－6)”、山西农业大学学术骨干项目和山西农业大学博士科研启动基金项目共同资助。

本书实验的外业工作和内业工作都非常辛苦，在此感谢为本次试验付出辛勤劳动的杨秀云老师、田旭平老师；感谢硕士研究生边俊、朱烨、曹晔、张霞、冯树香、郑丽君和张西茜等；感谢管涔山国家森林公园和长治国家城市湿地公园管理局给予外业的帮助。

本书的研究成果希望能对森林生态系统及湿地生态系统的健康管理提供一些基础的依据。一些科学问题的解释和分析方面存在不足，希望读者能够批评指正。

武小钢

2013 年 10 月 4 日

目　录

前　言

第1章　土壤碳、氮库研究进展 ………………………………………… 1
1　森林生态系统土壤碳、氮库研究 ………………………………… 2
1.1　森林土壤有机碳及其影响因素 ………………………………… 2
1.2　森林土壤氮素及其影响因素 …………………………………… 8
2　湿地土壤碳、氮库研究 ……………………………………………… 19
2.1　湿地土壤有机碳及其影响因素研究 …………………………… 20
2.2　湿地土壤氮素转化及其影响因素 ……………………………… 23
3　研究基础及项目研究意义 ………………………………………… 25
第2章　芦芽山典型植被土壤有机碳、氮剖面分布特征 …………… 27
1　研究区概况和研究方法 …………………………………………… 28
1.1　芦芽山自然保护区自然概况 …………………………………… 28
1.2　研究方法 ………………………………………………………… 29
2　典型植被类型下土壤理化性质剖面特征 ………………………… 31
2.1　土壤容重的剖面特征 …………………………………………… 31
2.2　土壤质地的剖面特征 …………………………………………… 32
2.3　土壤含水量的剖面特征 ………………………………………… 34
2.4　土壤 pH 值的剖面特征 ………………………………………… 34
3　典型森林植被类型下土壤有机碳、氮剖面分布特征 …………… 35
3.1　土壤全氮含量剖面分布规律 …………………………………… 35
3.2　土壤氮储量在剖面上的分布规律 ……………………………… 35
4　典型森林植被类型下土壤有机碳剖面分布特征 ………………… 37
4.1　土壤有机碳含量剖面分布规律 ………………………………… 37
4.2　土壤有机碳储量剖面分布差异 ………………………………… 38
5　土壤 C/N 的剖面分布特征 ………………………………………… 38
6　讨　论 ……………………………………………………………… 39
6.1　不同植被类型下土壤有机碳含量剖面分布特征形成机制探讨 …… 39

6.2 有机碳含量与土壤理化因子的相关性 …… 40
6.3 不同植被类型土壤有机碳储量变化 …… 43
7 结 论 …… 44
第3章 芦芽山土壤有机碳和全氮沿海拔梯度变化规律研究 …… 45
1 研究方法 …… 46
1.1 取样方法 …… 46
1.2 数据分析 …… 46
2 土壤有机碳含量沿海拔梯度分布规律 …… 48
2.1 土壤有机碳含量特征 …… 48
2.2 土壤有机碳与海拔之间的关系 …… 49
3 土壤全氮含量沿海拔梯度分布规律 …… 51
3.1 土壤全氮含量特征 …… 51
3.2 土壤全氮与海拔之间的关系 …… 51
4 土壤C/N含量随海拔梯度分布规律 …… 52
4.1 土壤C/N含量特征 …… 52
4.2 土壤C/N与海拔之间的关系 …… 53
第4章 土壤有机碳、全氮含量的小尺度空间异质性 …… 56
1 研究方法 …… 57
1.1 样地基本情况 …… 57
1.2 取样方法 …… 58
1.3 分析测试方法 …… 58
1.4 数据分析 …… 58
2 土壤有机碳含量的空间变异性 …… 60
2.1 土壤有机碳含量的描述性统计 …… 60
2.2 土壤有机碳含量的半方差函数分析 …… 60
3 土壤全氮含量的空间异质性 …… 61
3.1 土壤全氮含量的描述性统计 …… 61
3.2 土壤全氮含量的地统计学分析 …… 62
4 讨 论 …… 63
5 结 论 …… 65
第5章 长治湿地土壤有机碳、氮分布特征 …… 66
1 研究区概况及研究方法 …… 66
1.1 长治国家城市湿地公园自然概况 …… 66
1.2 研究方法 …… 67

2 湿地公园土壤有机碳、氮水平含量及分布特征 …… 69
2.1 土壤有机碳水平含量 …… 69
2.2 土壤有机氮水平含量 …… 70
2.3 土壤 pH 值的水平含量 …… 71
2.4 土壤全磷的水平含量 …… 72
2.5 土壤含盐量的水平含量 …… 73
2.6 土壤有机碳、氮含量水平分布特征 …… 74
3 土壤理化因子对有机碳、氮的影响 …… 75
3.1 土壤有机碳与全氮含量的关系 …… 75
3.2 土壤理化因子与有机碳、氮相关分析 …… 76
3.3 土壤理化因子与有机碳、氮回归分析 …… 77
4 主要研究结论 …… 77
第6章 湿地土壤有机碳、氮与植被生物多样性关系研究 …… 80
1 研究方法 …… 80
2 不同水分梯度下植被多样性指数的差异性 …… 81
3 多样性指数与土壤环境因子的相关性分析 …… 82
4 植被多样性与土壤有机碳氮的回归分析 …… 83
5 主要结论 …… 84
第7章 基于土壤碳、氮过程的湿地生态系统健康评价与管理 …… 85
1 湿地生态系统健康评价概述 …… 85
1.1 湿地生态系统健康评价的概念及内涵 …… 85
1.2 湿地生态系统健康评价的国内外研究进展 …… 86
1.3 湿地健康评价方法研究 …… 86
1.4 湿地健康评价指标体系 …… 87
2 研究方法 …… 88
2.1 实地调查取样 …… 88
2.2 压力—状态—响应(PSR)模型 …… 89
2.3 层次分析法 …… 90
2.4 综合指数法 …… 90
2.5 调查问卷法 …… 91
3 长治湿地公园生态系统健康指标体系的构建 …… 91
3.1 评价指标体系构建的原则 …… 91
3.2 长治湿地公园评价指标体系框架 …… 91
4 数据来源及指标诠释 …… 92

4.1 实测数据来源及对应指标诠释 …… 92
4.2 间接数据来源及对应指标诠释 …… 97
5 长治湿地公园综合评价结果 …… 99
5.1 层次分析方法确定指标权重 …… 99
5.2 评价指标体系标准的确定 …… 102
5.3 综合评价 …… 104
6 主要结论 …… 107
参考文献 …… 108

第1章　土壤碳、氮库研究进展

土壤是陆生生物赖以生存的物质基础，是陆地生态系统中物质与能量交换的重要场所；同时它本身又是生态系统中生物与环境相互作用的产物。土壤有机碳和氮不仅是土壤的重要组成部分，而且是生态系统重要的生态因子。土壤有机碳和氮的含量与分布直接关系到生态系统的生产力和生态系统的规模。同时，土壤有机碳和氮的转化与迁移又直接影响到温室气体的组成与含量，而全球的气候变化又反馈作用于土壤有机碳和氮的转化与迁移。因此，土壤有机碳和氮的分布、转化及其对全球变化的响应与调控的研究对于正确理解碳、氮的生物地球化学循环及应对全球变化的响应策略的制定具有重要意义，成为近年来国际全球变化问题的核心研究内容之一。

土壤碳库是地球表层系统最大的碳库，土壤有机碳(SOC)不是一种单纯化合物，它包括植物、动物及微生物的遗体、排泄物、分泌物及其部分分解产物和土壤腐殖质。土壤有机碳在维持土壤良好的物理结构等方面具有重要作用。作为陆地碳库的主要部分，土壤有机碳在全球碳循环中起着重要作用(Prentice *et al.*, 2001; Zhou *et al.*, 2003; Wang *et al.*, 2003)，土壤有机碳的稳定性及其碳汇增加是目前国际上公认的减缓大气 CO_2 浓度上升的重要途径之一。

氮是植物体内许多重要有机化合物的组成元素。在自然状态下，土壤中的氮主要来源于植物—大气的固氮过程。在森林生态系统中，生物对氮的需求量往往大于土壤有机氮矿化速率，所以森林生态系统通常表现为氮缺乏型(胡启武等, 2006)。土壤碳氮比是土壤氮素矿化能力的主要标志，其比值低有利于微生物在有机质分解过程中的养分释放和土壤中的有效氮增加；而植物组织中的碳氮比决定了进入土壤中的枯落物的分解速率和分解量(邓小文和韩士杰, 2007)。土壤是一个多相、多界面的复杂系统，土壤碳氮的变化涉及植被类型、气候变化、土壤理化性状、凋落物分解和土壤呼吸等众多相互联系和相互影响的生物化学过程。在生态系统的物质循环中，土壤碳素和氮素被紧密地联系在一起。

1 森林生态系统土壤碳、氮库研究

森林生态系统占据了全球碳收支的重要部分，据估计森林土壤占全球土壤有机碳库的70%~73%，森林碳库尤其是森林土壤碳库的微小变化，都可引起大气CO_2浓度的显著变化(Birdsey *et al.*, 1993; Sundquist, 1993)。尽管研究者在土壤有机碳方面做了一些研究，然而由于有机碳库和氮库组成的复杂性及影响因素的多样性，在有机碳、氮的研究中增加了更多的不确定性。我国许多学者在有关SOC的含量及其空间分布方面也进行了系统的总结，对不同植被下各土类及不同农区主要土类的SOC贮量也进行了统计(陈亮中，2007；李克让等，2003；潘根兴等，2003；金峰等，2000；林心雄，1998；方精云等，1996)。由于植被、气候、土壤类型及研究方法等方面的差异，目前还不能正确而充分地认识森林生态系统碳循环的过程，尤其对山地森林土壤SOC贮量、组分、动态以及空间分布规律的研究，仍然是土壤碳循环研究中需要补充的领域(Fehse, 2002)。

1.1 森林土壤有机碳及其影响因素

根据稳定性不同，土壤有机碳库一般分为易分解碳和稳定性碳两部分，前者指易分解的有机物质，如植物残体和它们初步分解后的产物、微生物体和微生物代谢物；后者则是指不易分解的植物有机质和被黏粒保护的腐殖质(Biedenbender *et al.*, 2004)。

土壤易分解碳在土壤有机质中所占比例很小，但由于周转快，故对土壤碳通量影响很大(Schimel *et al.*, 1994)，Biederbeck 和 Zentne(1994)认为，土壤有机质的短暂波动主要由易分解碳的动态变化所引起。因此，土地利用变化初期SOC的快速变化可能与土壤易分解碳动态紧密相关。一般认为，土壤易分解碳形成时间较短，具有较小的密度；而稳定性碳通常形成时间有几十到几百年，具有较大的密度及较小的粒级(Biedenbender *et al.*, 2004)。根据不同组分的密度差异和在水中的溶解性不同对土壤有机质进行分离，可以得到易分解的轻组有机碳(light fraction)与较稳定的重组有机碳(heavy fraction)。研究中用于区分两组分的标准有所不同。Biedenbender 等以2.0g/cm^3作为区分轻组与重组有机碳的界限，而Boone(1994)则以1.20 mg/cm^3为标准，后者认为轻组有机碳包括地上凋落物。

对于易分解碳的分离还有几种不同的方法，因此得到的易分解组分具有不同的名称。Schulz(2004)把热水提取碳作为土壤易分解碳，王晶等(2003)则称之为土壤活性有机质，并把这个概念等同于DOM(dissolved organic matter)，认为近年文献中常见的轻组有机碳、水溶性有机碳(WSOC)、有效碳、微生物碳(MBC)、潜在可矿化碳(PMC)、易氧化碳(ROC)和热水提取碳(HWC)均属DOC(dissolved organic carbon)范畴，并认为其浓度可以用DOC表示。

1.1.1　土壤碳的输入和输出方式

土壤碳库是C输入和通过土壤呼吸以CO_2的形式输出C两个过程平衡的结果。土壤中的有机碳都来源于植物，根据植物的生理生长过程，输入土壤的碳有两个主要来源，一个是根或枝条在死亡后残体通过腐殖化过程形成土壤有机质。另外一个来源是植物生长过程中向根际释放的根系分泌物或脱离物。如根毛、代谢的细根。在此过程中，由活根向根际土壤释放的所有有机碳，都被称为根际凋落物，这个过程被称为根际沉降(Kuzyakov Schneckenberger，2004)。

根系周转和根系分泌物来源的C可以直接输入土壤不同剖面层，而凋落物来源的C则通过以下两个途径进入矿质土壤层，①通过DOC淋溶；②通过生物或其他外力的机械混合作用。在肥沃而非酸性的典型草原类型土壤上，由于大量的净初级生产力(NPP)分配到根系，淋溶途径的土壤C输入可能所占比例有限。但针叶林大量的根系聚集在土壤表层，营养归还主要通过酸性凋落物的形式。在这种条件下，DOC对C在不同土层的分配就起着重要作用。

SOC流失的主要途径是土壤呼吸，土壤呼吸是指自然土壤中产生CO_2的过程，它主要由微生物活动和根系呼吸产生，只有很少部分是由土壤动物呼吸和土壤有机物的化学氧化分解而产生(刘绍辉和方精云，1997)。为确定影响土壤呼吸的主要驱动力，精确估计根系呼吸和微生物分解作用的相对贡献是必要的。区分根系与微生物呼吸的方法有多种，程慎玉和张宪洲(2003)对此做了综述。在湿润森林类型土壤中，淋溶是运移并导致大量矿质和营养元素流失的决定性因素。土壤水文特征、有机质化学属性和土壤属性决定了DOC淋溶过程。

1.1.2　影响土壤有机碳的主导因子

土壤有机碳的储量是进入土壤的植物残体量及其在土壤微生物作用下分解损失量二者之间平衡的结果，其库容的大小受气候、植被、土壤理化特性以及人类活动等诸多物理、生物和人为因素的影响，尤其是这些因子间的相互作用对土壤有机碳的动态变化至关重要。

目前关于土壤有机碳的主导控制因子及其控制过程仍了解不足，这制约着大气碳收支的准确评估，是出现未知碳汇、预测气候变化及其影响不确定性的重要原因。

1.1.2.1 气　候

在土壤有机碳累积过程中，气候因子起着重要作用。一方面，气候条件影响植被类型和植被生产力，从而决定输入土壤的有机碳量；另一方面，从土壤有机碳输出过程来说，微生物是其分解和周转的主要驱动力，气候通过土壤水分和温度等条件的变化，影响微生物对有机碳的分解和转化(Davidson Stahl, 2000；黄昌勇，2000)。因此，在土壤有机碳的输入与分解过程中起作用的气候因子主要是温度和水分。

相对寒冷的区域来说，温暖区域的土壤呼吸和土壤有机质分解率一般较高。这一规律曾被许多田间试验(Lloyd，1994；Kirschbaum，1995；Trumbore，1996)和室内试验(Winkler，1996；Lomander A，1998)直接或间接地证实。最近的研究也表明了这点。基于 2473 个土壤剖面测定数据，Zhou 等(2003)用 GIS 技术分析了中国土壤有机碳的分布特征，发现无论在中国的东部还是西部地区，南北方向上低的区域温度总是对应着高的碳密度。

在凋落物和土壤类型以及气候条件基本一致的情况下，微生物活性强弱也许能解释温度对土壤有机质分解的影响。温度是影响微生物活性重要环境因子之一，在低于最适温度(35～45℃)时，若干模型都预测微生物活性随温度上升而迅速增加(Insam，1990；Kirschbaum，1995；Winkler *et al.*，1996；Kirschbaum，2000)，因此随温度上升其对土壤有机质的分解作用也必将加剧，最终导致温度与土壤碳密度的负相关关系。但 Epstein 等(2002)研究认为在美国大平原区域，从寒冷的北部到温暖的南部土壤有机质含量下降并不是由于有机质分解率增加，而是由碳输入的减少所引起的。

湿度是影响 SOC 库的另一重要气候因子。在干旱半干旱地区，降水的季节分布差异很大，由此导致频繁的土壤干湿交替，对有机碳在土壤中的蓄积也有重要影响(黄昌勇，2000)。干湿交替使得土壤团聚体崩溃，团粒内受保护的有机碳被暴露于空气中，土壤呼吸作用强度在极短的时间内被大幅度地提高，使有机碳的矿化分解量增加。同时，干燥也将引起部分土壤微生物的死亡。这都将在一定程度上加速或减缓有机碳的分解速率，改变土壤中有机碳的储量。

植物分配到地下的C多数是经由根呼吸的途径流失，据研究，根呼吸可消耗每日光合产物重量的8%~25%(Lambers *et al.*，1996)，随土壤湿度降低，根呼吸下降(Burton *et al.*，1998)，故土壤湿度降低将有利于SOC积累，又由于土壤湿度降低有利于生物量向地下分配，因此SOC库将有望增加。但也有部分研究不支持这一结论。在极端的环境下，干旱将导致植物死亡，并易引发严重水土流失，造成土壤有机碳减少(Breshears & Allen，2002)。在中国北部从东到西降水量逐渐减少，植被从湿润温带森林过渡到稀疏的灌木、草地，直至沙漠，土壤碳密度并没有增加，而是随之降低(Zhou & Zhou，2003)。在内蒙古的研究也表明，主要土地覆被类型的土壤碳密度随降水量减少(陈庆美等，2003；Wang *et al.*，2010)。由于缺乏植被覆盖，强降水过程和大风都会严重侵蚀干旱地区富含土壤有机质的表层土壤。系统生物量的减少可能是导致SOC密度减少的另一重要原因。

全球变暖是全球变化的主要标志，由此引起的温度与湿度的变化亦必将对土壤有机碳产生重要影响。气候变暖影响土壤有机碳主要有两条途径：一是影响植物的生长，改变植物残体向土壤的归还量；二是影响有机碳分解的速率，改变土壤中有机碳的释放量(Jenkinson *et al.*，1991)。大量研究表明，全球温度的上升不仅将提高植被的净初级生产力(NPP)，同时也将促进土壤中有机碳的分解。而植物NPP和土壤有机碳分解二者对温度的相对敏感性将在很大程度上决定全球变暖情况下土壤有机碳对大气CO_2的源/汇作用(Davidson & Stahl，2000；Kirschbaum，2000)。

1.1.2.2　土　壤

土壤理化特性在局部范围内影响土壤有机碳的含量(黄昌勇，2000)，如土壤质地、黏土矿物类型、pH值、物理结构及其养分状况等均会影响有机碳在土壤中的蓄积。其中研究最多的是土壤质地与有机碳蓄积的关系。土壤有机碳很少以游离态形式存在于土壤中，而是与土壤矿质颗粒，特别是与黏粒结合形成有机—无机复合体。土壤矿物对有机质的赋存状态及更新特征具有明显控制作用(Torn *et al.*，1997)，黏粒(粒径小于0.002mm)的比表面积较大，易于吸附有机质，从而对有机质起到物理或化学保护。

大量研究表明，土壤有机质与团聚体之间存在密切关系，不同土壤结构体因胶结物不同，其有机碳含量明显不同(张兴昌和邵朋安，2000；赵传燕和李林，2003；刘毅等，2006)。不同类型土壤间有机碳分布的差异主要与气候条件、土壤形成过程以及每年输入土壤的有机碳有关(陈庆美，2003)。

土壤微生物的活性要求一定的酸度范围，pH值过高(>8.5)或过低

(<5.5)对大部分微生物都不大适宜，会抑制其活动，从而使有机碳分解的速率下降。如在酸性土壤中，微生物种类受到限制而以真菌为主，从而减慢了有机物质的分解。土壤养分含量的高低是微生物矿化作用强弱的限制因素，微生物所需的各个营养元素供应充足，微生物活力较高，矿化作用显著，反之则较低(李顺姬等，2010)。就土壤养分来说，不仅其可利用的养分状况影响植被的生长，而且微生物同化1份N需24份C，土壤中矿质态N的有效性直接控制土壤有机碳的分解速率。

1.1.2.3 植 被

植被变化通过两个途径而影响SOC库，一是改变C输入特征，包括地上/地下生物量C的分配，凋落物归还量以及时空变化，凋落物及根系的化学组成；二是改变环境因子，包括微环境的改变，生物区系的改变，以及土壤理化性质的改变(Jobbágy & Jackson，2001)。植被变化后，SOC输入输出平衡被打破，导致SOC库的波动，直到建立新的平衡。在这个过程中，土壤是源或汇取决于SOC的输入输出比率，其流失与补充的速度取决于原来SOC的性质及植被变化后干扰的强度(Guo & Gifford，2002)。

不同植被类型之间光合产物的分配模式相差较大，草原植被光合作用所同化的有机产物中的92%以上分布在地下，而森林植被光合产物分配到地下部分的比例则较低。温带草原平均根冠比高达3～4，而全球范围内温带森林的平均根冠比仅为0.26(Jackson *et al.*，1996；Cairns *et al.*，1997)。植被类型间植物的生长方式也有差异，草原植被尤其是一年生草本植物每年均有大量的根系死亡进入土壤碳循环过程，根系是SOC输入的主要形式；而森林植被土壤有机碳的主要来源多为枯枝落叶，土壤形成了明显的有机质层，含有SOC的大部分。这些差异将影响到以凋落物形式输入的碳在SOC输入中的相对数量(Jobbágy & Jackson，2001)。根系的垂直分布(如深根系、浅根系)将直接影响输入到土壤剖面各个层次的有机碳数量。因此，草本、木本植被类型根系分布格局的差异也是影响SOC垂直分布格局的一个重要因素；另外，与草地相比，森林植被凋落物品质较低(Jobbágy & Jackson，2001)、土壤表层温度低、湿度小，导致地表凋落物的分解速率下降(周莉等，2005)，也造成有机质在近地面层的积累。

1.1.2.4 土地利用方式

SOC的储存和变化与土地利用活动紧密相关。在过去的几个世纪中，土地利用和土地变化改变了1/3～1/2的陆地面积(Vitousek *et al.*，1997)。土地利用方式的改变将导致覆被类型的变化，包括森林转换为草地或农田、草地转换为农田以及退耕还林(草)等，覆被类型的变化，引起了SOC的显著变化(Wang *et al.*，2003；Post & Kwon，2000；McGuire *et al.*，2001；王艳芬和陈佐忠，1998；周广胜等，2002)。

有研究认为，森林转化为农田或牧草地会导致土壤碳流失(Veldkamp，1994；Fearnside & Imbrozio，1998)，但也有研究认为，森林转变为牧草地后可导致地上部分生物量碳减少，然而土壤有机碳则未必一定流失(Post & Kwon，2000；Hughes *et al.*，2000)。最近研究表明，森林转化为草地后SOC库是增或减，以及库容变化大小取决于原始土壤条件和当地的其他影响因子变化(如土地利用变化前土壤碳含量、土壤质地、植被生产力、管理活动)(Jennifer & Edzo，2005；Fuhlendorf *et al.*，2002)。

土地覆被类型的变化也有积极的一面，如退耕还林(草)。据FAO统计，1990~1995年间发达国家的森林面积增加了$8.8\times10^6hm^2$。在农田转变为林地的过程中，土壤中有机碳的含量逐渐上升，并最终有大幅度增长(Thuille *et al.*，2000)，其蓄积的速率受到气候、土壤质地、造林前的整地及其造林后的管理措施等因子的影响(Paul *et al.*，2002)。

1.1.3　土壤有机碳的剖面分布

Jobbágy和Jackson(2000)分析了2700多个土壤剖面，发现不同植被类型SOC在土壤剖面上垂直分布显著不同，因此认为植被类型可能是影响SOC垂直分布格局的主要因素。Wang等(2004)也得出了同样结论。Peterson和Neill(2003)研究发现，从森林到草地的植被变化过程中，仅仅经过2年，土壤C垂直分配格局就具有了草地的特征，也证实了植被类型转变对土壤碳垂直分布格局的影响。其形成机理可能与光合产物的地上、地下分配模式，根系分布格局等的差异有关。草本、木本植被类型之间光合产物的地上、地下分配模式相差较大。森林生态系统土壤有机碳输入以地上凋落物为主，土壤形成了明显的有机质层，含有SOC的大部分。

SOC在土壤剖面上垂直分布格局的差异将影响到土壤碳动态。对于不同土层SOC，其分解都受土壤有机质组成的影响(Fang *et al.*，2005)，但影响分解的主导影响因子有所不同。浅层SOC受大气与降水影响强烈，土壤表层0~30cm直接受大气变化影响，且对土地利用变化和森林砍伐极为敏感(Batjes，1997，1999)。Batjes和Dijkshoorn(1999)发现，降水和气候可以很好地预测土壤表层20cm内SOC库，但是在土壤深层，SOC则与黏粒含量关系更为密切，这可能与稳定性SOC增加有关。根系在土壤剖面的垂直分布一般较SOC

浅。可能的解释是：①随深度增加 SOC 周转变慢，对于单位 C 输入，深层土壤有更多的 C 沉积；②随深度增加根系周转加快，在土壤深层，单位根系现存生物量对应更多的 C 输入；③淋溶作用；④动物的垂直混合作用(Jobbágy & Jackson，2000)。Jobbágy 和 Jackson(2000)认为解释②缺乏必要的文献支持，Burton 等(2000)发现，在同一土壤剖面随着土层加深细根的寿命延长，试验结果更是与这一可能解释相左。但其余几个可能解释还是说明了处于不同土层的 SOC 其周转动态具有差异。

对于 SOC 在土壤剖面上垂直分布格局及与气候、植被的关系所知依然甚少。更好地理解 SOC 的分布和控制因子，以及草本、木本植被类型变化如何影响 SOC 在不同土层的分布，有助于提高我们预测并缓解全球变化不利影响的能力(Jobbágy & Jackson，2000)。陆地生态系统碳收支计算的一个重要方面是估计土壤碳总量。在做土壤 C 储量调查时，取样深度一般为 1m (Jobbágy & Jackson，2000)，土壤碳库因此在很大程度上被低估了。Batjes(1996)发现，当取样深度包括 1～2m 土层时，所测全球 SOC 汇增加了 60%。但土壤深层取样具有技术上的困难，使土壤碳库的精确估计极具挑战性。不过，研究发现，SOC 在垂直土壤剖面上的分布是土层深度的函数，随土层深度增加，SOC 含量呈指数下降(Elzein & Balesdent，1995；Bernoux *et al.*，1998)。因此，可以利用浅层土壤有机碳数据外推得到深层土壤碳密度，这就使土壤碳库的精确估计具有了可能性。

1.2 森林土壤氮素及其影响因素

1.2.1 森林土壤氮贮量

森林土壤是地球氮素循环的重要环节，是最重要的氮库，也是衡量土壤氮素供应状态的重要指标。森林生态系统中土壤氮通常占整个生态系统氮贮量的 90% 以上。由于森林土壤发挥着重要的氮源、汇和库的功能，且氮与碳等元素的循环是相互耦合的，能形成多种温室气体，故一直备受关注。

从氮素形态上看，土壤中氮主要以有机氮和无机氮两种形态存在。无机氮主要以 NH_4^+ - N 和 NO_3^- - N 的形态存在，往往不足全氮的 1%，可被植物直接利用。其可利用性主要取决于土壤微生物对土壤有机质的分解速率和微生物固持、气态损失和淋溶等多种过程的相互竞争(蔡春铁和黄建辉，2006)。有机氮是氮在土壤中的主要存在形式，其数量主要取决于森林凋落物的产量(杨万勤等，2006)。

从氮贮量研究上看，主要局限于林分尺度，而区域及全球尺度的研究较少。黄宇(2005)、杨丽韫(2005)、Finér(2003)、Kulmatiski(2004)等分别从林分尺度上研究了森林土壤氮贮量，然而由于影响因子较多且测定方法的不同，结果的可比性较差。在区域尺度上，张春娜等(2004)根据中国典型森林区域土壤剖面的统计估算出我国各植被分区土壤氮贮量，但数据准确性受到各森林区域面积、森林郁闭度、林相条件、森林类型、土层厚度变异、土壤容重的变异等多种因子的综合影响，特别是森林土壤剖面数据不足以及数据代表性的影响目前还难以解决。此外，尺度转化问题也值得深思。

1.2.2 森林土壤氮素的输入与输出途径

1.2.1.1 输 入

(1)凋落物的归还。在森林生态系统中，通常情况下，土壤N最主要的来源为凋落物的归还，凋落物量是生态系统土壤N的重要输入，决定着土壤有机N库的大小(彭少麟和刘强，2002)。森林土壤中N输入主要取决于森林的类型、植物组成、土壤条件和气候条件(Aerts，1997)。一般来说，阔叶林凋落物所输入到土壤中的N多于针叶林，混交林优于纯林，天然林多于人工林，热带雨林多于温带阔叶林，而温带阔叶林优于寒温带针叶林(彭少麟和刘强，2002)。关于凋落物对森林生态系统土壤N供应研究最多是凋落物的质量问题。一般来说，土壤N转化与凋落物C/N呈负相关(彭少麟和刘强，2002)。这是因为N常常是限制性的养分，在低C/N条件下细菌生长受碳的限制，由于N源充足，N固化将很小；反之，当C/N高时，细菌生长因受N的限制而处于缺N状态，矿化出的N将被迅速固持。土壤N转化也与凋落物的木质素/N呈线性或非线性负相关(韩兴国，1999)。此外，还与凋落物的形态特征也存在明显的相关性(Scott & Binkley，1997)。不过也有学者认为凋落物质量独立于气候和土壤因素，对N转化有良好的、普遍性的指示作用(Springob & Kirchmann，2003)。近些年来，凋落物的分解和归还受气候变化如干旱化和温室效应、人为干扰等影响的研究越来越深入(彭少麟和刘强，2002)。

(2)施肥。自人们认识到N(有效氮)是森林生态系统生产力的限制性因子以来，为了提高木材产量，在不少林业发达国家，氮肥被广泛应用于森林生态系统，以便获得较高的生产力。在加拿大，施肥已成为许多森林土壤N输入的重要途径(Salifu & Timmer，2003；Bennett *et al.*，2003)。由于氮肥的大量施用，造成的温室效应、地下水污染等环境问题也引起了许多学者的关注(Munger *et al.*，2003)。施氮肥提高了森林生态系统的生产力，同时对森林生态系统的组成、结构及许多生态过程如水分和养分循环等将产生深远的影响。

(3)大气沉降。干湿沉降是森林生态系统 N 的重要输入途径之一，除少量能被植物直接吸收外，大部分进入土壤层，进而被林木所吸收。近几十年来，由于工业化进程的加速，大气沉降成为许多地区森林生态系统土壤 N 的重要来源，并相继出现了森林“N 饱和”的现象(Aber *et al.*，1989)。氮沉降对森林生态系统的影响及其对温室效应的贡献率方面还有很多不确定性。近来一些研究表明，随着 CO_2浓度的升高，氮素可能会成为植物生长的一个限制性因素，氮沉降的增加可能会使森林生态系统的碳汇增大(Hungate *et al.*，2003；Reich *et al.*，2006)。对于不同的森林来说其影响有所差异(Magill *et al.*，2000)。由于氮沉降无意识地对森林产生施肥效应，所以人们误认为氮是主要限制因子的温带森林的生物质将会增加，从而减缓温室效应。然而近来的一些研究认为，氮沉降对温带森林碳汇的贡献很小(Nadelhoffer *et al.*，1999；Houghton *et al.*，1999；Field & Fung，1999)。这是因为林木在与土壤竞争氮中处于绝对的劣势，仅有极少量通过氮沉降进入土壤中的氮被林木吸收。如果受长期氮沉降增加的影响(达到氮饱和)，不但不能增加其碳汇，而且还会给森林和环境带来严重的危害(Skiba *et al.*，1999)。对热带森林来说，大多受磷限制，而氮通常处于自然饱和状态。另外，热带森林较温带森林土壤氮循环速度快，由氮沉降输入的氮不能在其土壤中保留，绝大部分立即与微生物作用，以淋溶和气态损失等形式输出(Hall & Matson，1999，2002)，显然促进系统碳汇增加的作用不存在。因此，氮沉降对森林生态系统的影响主要取决于森林类型、氮的限制程度、氮沉降强度、森林土壤对输入氮素的保持能力(Xu *et al.*，2006)。

(4)生物固氮。氮素由生物固定进入森林土壤生态系统的方式主要有共生固氮和自生固氮两种。就共生固氮而言，在养分贫瘠或处于演替早期的森林生态系统，固氮植物常常作为先锋植物来改善土壤养分状况。早在 20 世纪 70 年代中后期就开始了固氮树木共生固氮的研究，大量的研究证实了固氮树种在混交林中的供氮效应。尽管土壤的自生固氮很有限，但对于一些特殊的生态系统如在干旱区，由一些真菌、细菌和地衣构成的微生物结皮所固定的 N 量是森林土壤 N 来源不可忽视的部分(Evans & Ehleringer，1993；Belnap *et al.*，2003；Deluca *et al.*，2002)。研究表明，自生固氮微生物的最佳适应条件比较苛刻，包括有：适宜能源物质的存在、低含量的土壤有效氮、适量的矿质营养、近于中性的 pH 值以及合适的水分等。

1.2.2.2 输　出

(1)反硝化。反硝化是指 NO_3^- 被转化成 N_2O 和 N_2的过程，也是唯一使含

N 产物离开内部生物循环的过程，被看作是平衡生物固 N 输入通量的主要途径(Stanford & Smith，1972)。反硝化过程在土壤微生物的作用下既可在有氧(有氧异养)也可在无氧(兼性无氧异养)条件下发生。反硝化过程会释放出 NO 和 N_2O 等温室气体，因而备受关注(Bowden，1986)。

(2)氨挥发。在高 pH 值的土壤中，NH_4^+ 被转化成 NH_3 释放到大气中，从而导致 N 素的损失。氨挥发与土壤条件有很强的相关性。例如，沙漠中由于土壤 $CaCO_3$ 的积累而维持碱性状态，当土壤处于干燥、透气，并在低阳离子交换能力的条件下，土壤中 N 素转化和 NH_4^+ 的损失可能达到最大；矿化缓慢的土壤条件也可能有较多的 NH_3 挥发(Nelson，1982)。在森林生态系统中，研究最多的还是“N 沉降”、酸雨以及施肥对氨挥发的影响(McLeod *et al.*，1990)。对美国科罗拉多州山区亚高山森林生态系统的研究表明(Langford & Fehsenfeld，1992)，林木是吸收 NH_3 还是释放 NH_3，即是 NH_3 的汇还是源，取决于林冠附近大气中 NH_3 的含量和主要的风向。如果大气中 NH_3 的含量较低，那么该生态系统可能是一个源，反之则是一个汇。

(3)植物吸收。植物吸收是土壤中 N 素输出的最主要的形式，是维持植物正常生长的必备条件。土壤中 N 素的含量及其形态明显影响着植物的生长和养分利用效率。有研究表明，植物即使在开始还原 NO_3^- 时也需要消耗能量，但大多数植物既能同化 NH_4^+，又能同化 NO_3^-。植物的根系在吸收 NO_3^- 并还原后，将沿着与 NH_4^+ 被结合在生物量中同样的途径进行(Kirkby，1981)。植物对 N 的吸收一方面由植物本身的遗传特性起主导作用，另一方面与土壤中 N 存在的数量、形态紧密相关，同时还受其他因子如环境因子、土壤中其他养分状况等影响。因此，关于 N 素和植物吸收的关系以及如何提高植物对 N 的吸收率及其利用率一直是学术界研究的重点。

(4) NO_3^- 淋溶。同含 N 物质的挥发一样，淋溶也是土壤 N 损失的主要非生物渠道。淋溶通常指硝态氮的淋失，铵态氮和有机氮的淋失甚少。影响淋溶的主要因素有土壤条件、植被状况和其他外界条件。但淋溶损失必须有两个先决条件：①土壤中有大量 $NO_3^- - N$ 存在；②有丰沛的下渗水流(陈欣等，1995；Stevenson & Cole，1982)。促进或阻碍这两个条件之一的任何因素都影响 N 淋洗的发生及其程度。随着全球气候和土地利用变化的加剧，N 的淋溶越来越引起生态学家和土壤学家的关注。Smith 等(2000)在研究美国北方黑云杉林时，发现火烧或砍伐等人为干扰导致硝化速率明显加快，引起土壤 N 的严重流失和附近山泉水 $NO_3^- - N$ 的增加，6 ~ 11 年后才重新达到平衡。而 Iseman 等(1999)发现糖槭—红栎树混交林中，砍伐 5 年后，$NO_3^- - N$ 的流失量达到最大。N淋溶一方面引起生态系统养分的亏缺和N利用效率的下降，另一方面造成地表水和地下水的污染，甚至导致富营养化。

1.2.3 森林土壤氮素内部的转化

森林土壤是森林生态系统中最大的N库，通常超过生态系统总N量的90%。不过，大部分的土壤N是惰性的且对于植物吸收和土壤N的淋溶是无效的，只有缺乏严格定义的那部分"可矿化的"N库才具有生物学意义上的活性。在森林生态系统中，土壤有效氮主要以NH_4^+-N和NO_3^--N形式存在，NH_4^+-N和NO_3^--N是植物从土壤中吸收N的主要形式，也是造成环境问题的重要组成部分。因此，土壤N的内部转化过程不仅仅是森林生态系统土壤N转化与循环的关键过程，而且对于弄清楚整个森林生态系统N的循环及其相关的一系列问题如养分利用效率、森林生产力、环境污染等具有极为重要的作用。

森林土壤N的内部转化主要包括氨化、硝化和微生物固持三个过程(韩兴国等，1999)。有机态N转变成NH_4^+-N的过程称作氨化作用。氨化过程之后，一部分NH_4^+被植物吸收，微生物固持，或被黏土矿物质固定。剩余的一部分NH_4^+可能通过自养细菌的硝化作用转变成NO_3^-。有时，NH_4^+也可能通过异养硝化转变成NO_3^-。土壤中NH_4^+-N的存在量除与氨化作用有关外，还与生境有一定的关系。这主要取决于土壤条件是不是有利于一些微生物过程尤其是NH_4^+向NO_3^-的转化(硝化作用)的发生。在森林土壤中，NH_4^+向NO_3^-的转化较为明显(Virginia & Jarrell, 1983)，因为，许多植物表现出对NO_3^-的偏爱，尽管在NO_3^-缺少的土壤条件下也能表现出对NH_4^+的适应(Adams & Attiwill, 1986)。不过，在被水淹没的冻原土壤中，几乎所有的N均以NH_4^+的形式存在(Barsdate & Alexander, 1975)。对于那些能直接利用NH_4^+的生物，这个过程是它们获得N素的主要来源。从理论上讲，以NH_4^+为主要N源的植物比以NO_3^-为主要N源的植物能显著节约能量，从而具有竞争优势(韩兴国等，1999)。当然，实际并非如此，因为总体来说，土壤氧气的存在使得N主要以NO_3^-的形式存在。在绝大多数情况下，氨化作用是有机态氮转化为可被植物直接利用的无机氮的关键一步，是土壤N转化的起点。这对于土壤N的转化和循环过程及其整个N循环具有重要的意义。NH_4^+-N氧化成NO_3^--N的过程称为硝化作用，NO_3^-易被植物吸收，也容易从生态系统的地表径流丢失，或通过反硝化损失。氨化和硝化作用是N循环中的重要过程，对N的形态和比例、N的有效性、N的淋失和反硝化作用都具显著影响(Keeney, 1980)。

一般把有机态氮转变成 NH_4^+ -N 和 NO_3^- -N 的过程(氨化和硝化作用)统称为矿化过程。几乎与此同时进行着相反的过程即已矿化的 N 被土壤中的微生物同化而形成有机氮(微生物体 N)称为矿化 N 的固持过程。矿化和固持过程相互抵消后的余额称为净矿化或净固持(陈欣等，1995；Stevenson & Cole，1982)。细菌和真菌在它们生长过程中具有较高的 N 浓度。与微生物组织相比，植物凋落物中 N 的含量要低得多(即高的 C/N)。在分解过程中，土壤微生物有机物质释放 CO_2，而 N 被保持在微生物的生物量中，即养分的固持。当微生物生长缓慢时，就不再有进一步的养分固持。而随着微生物种群的死亡，N 则从死亡微生物组织中以 NH_4^+ 的形式开始释放出来(Van Veen *et al.*，1984)，这反过来又给植物提供了生长所需的 N(Jorgensen *et al.*，1980)。在微生物对 N 的固持过程中，土壤微生物不仅能保持从有机质分解过程中释放的养分，也能积累土壤溶液中其他来源的可利用养分。微生物、植物和硝化细菌展开相互竞争，争夺 NH_4^+(Schimel & Firestone，1989)。应用 15N 示踪，Marumoto 等(1982)发现土壤中许多矿化的 N 是从死亡的微生物释放的，而不是直接来自土壤有机物质。取食细菌和真菌的土壤动物的出现可增加从微生物组织释放 N 的速率(Bengtsson *et al.*，2003)。Vitousek 等(1984)对美国东南部的松林进行研究时发现，土壤微生物 N 固持是生态系统 N 维持的主要机制。微生物的固持还可以延迟北美高原草地燃烧后 NO_3^- 的丢失(Seastedt & Hayes，1988)。尽管土壤微生物常明显表现出对 NH_4^+ 的偏爱，但 NO_3^- 也可能被土壤微生物固持(Vitousek & Sanford，1986)。这些均说明了微生物固持对植物生长所需 N 的供给具有显著的重要性，进一步证实了微生物是土壤 N 的缓冲器和转运站(Keeney，1980；Myrold，1987)。

总之，N 的矿化 - 固持过程对于森林土壤 N 的转化与循环具有关键性的作用。首先，N 的净矿化/固持与森林生态系统的 N 有效性、养分利用效率和生产力存在着密切的关系(Reich *et al.*，1997)；其次，N 的净矿化/固持与群落演替、植物多样性、生态系统退化和健康等之间存在反馈关系(Tamm，1992)；再者，N 的矿化 - 固持过程与温室气体的产生、地下水污染等全球环境问题存在一定的相关性(韩兴国等，1999)。

1.2.4 影响土壤氮素矿化的主导因子

氮矿化是指土壤有机碎屑中的氮素，在土壤动物和微生物的作用下，由难以被植物利用的有机态转化为可被植物利用的无机态的过程。土壤氮素矿化的影响因素从性质上可以大致分为四类：环境因子(温度、湿度等)、土壤本身理化性质(土壤质地、pH、土壤黏粒、土壤结构等)、植被及凋落物质量(物种组成、多样性、演替阶段、C/N 比、木质化程度、多酚、单宁等)、土壤生物因素(土壤动物和微生物组成、微生物量、活性等)。

1.2.4.1 环境因素

(1)土壤温度。土壤温度是影响总氮矿化的最重要的环境因子，对氮矿化速率有强烈的控制作用，且呈正相关(Bremer & Kuikman, 1997)。土壤温度和水分对土壤氮矿化速率产生较大影响，高温和相对干燥可能有利于氮矿化。此外，氮在多种土壤中矿化率的差异比单一土壤中由培养温度造成的差异要大。Nadelhoffer 通过室内培养发现：氮矿化率对 3 ~ 9℃间的温度敏感，但在 9 ~ 15℃间随多个因子而增加；实验中通常假定培养期间土壤微生物保持稳定状态，且氮矿化上升率是对温度升高(或其他环境因子变化)的生理反应(Nadelhoffer *et al.* , 1996)；但实际在不同温度下，长期培养的土壤微生物群落动态并不同。进而言之，由于高温和能量供给的限制，培养期间土壤微生物生物量可能急剧下降。Ineson 等(1998)用一种可控升温装置，对野外土壤进行原位升温培养，能使 0 ~ 10cm 的土壤稳定升温 3 ~ 5℃，以模拟全球气候变暖对土壤氮动态的影响。加热培养的前 5 个月间棕壤土的硝态氮明显降低，表明增高的氮矿化被植物吸收所掩盖，可见土壤温度增高有利于氮矿化，但升温也会增加矿质氮的植物吸收。这类方法已成为全球变暖研究的有力手段。

不同海拔间比较也是研究温度影响的巧妙方法。Powers(1990)沿北部加州一个海拔梯度研究了土壤温度、湿度和基质质量对净 N 矿化的作用，发现土壤温度和湿度强烈控制 N 素的释放，有氧野外培养测得的矿化速率在中海拔区最高，而在低温高海拔区和土壤干旱的低海拔区则降低。近来有研究者采用空间转移方法将不同海拔的土壤相互交换位置后培养，以模拟 CO_2 倍增引起的全球变暖对土壤氮素转化的影响。由高海拔转移到低海拔后，土壤年净氮矿化和硝化高于原来的两倍，表土的无机氮渗漏也增加；而相反的处理导致三者下降了 70%、80% 和 65%(Hart & Perry, 1995)。相似温度和土壤水势条件下的室内培养表明，高海拔土壤的有机质质量更高，两种立地间存在相似的净氮矿化率，这是因为虽然高海拔有机质含量、数量较高，但低温限制了其氮矿化。表明不同空间位置的土壤氮矿化格局可能因不同的有机氮库和水热条件而不同。

(2)土壤湿度。净氮矿化与土壤湿度呈显著正相关。矿化氮随水势升高而显著增加，在 -1.5 ~ 0.03MPa 之间氮矿化与土壤湿度呈线性相关，直至 -0.5 ~ 0.03 MPa 之间的最大值，而氮矿化的最佳水分含量在 -0.03 ~

0.01MPa之间(Stanford & Smith, 1974)。

总氮矿化有很强的季节性，且在春秋较高，表明水的可利用性是微生物过程和植物生长的主要限制因子；短期内增加的夏季降水可能是影响氮通量的主要因素；湿季土壤充满水分时，铵态氮的固定大于硝化，净氮矿化降低。对土壤温度和水分研究表明，一定温度范围内，氮矿化随温度升高而升高；但同时植物的吸收也增加。氮矿化随土壤水分增加而增加，当土壤水分增加到一定值时，氮矿化迅速下降，且水分波动能增加氮矿化。氮矿化对温度的反应强于湿度，因为土壤升温引起微生物种类、数量及活性的增加，而低温和干燥对微生物种类、数量及活性有限制作用，反映在季节变化上尤其明显。

(3)土壤深度。氮矿化一般随土层深度增加而降低。0～120cm范围内，不同土层深度氮矿化率不同。这是由于随土层深度的不断增加，土壤透气性和有机质不断变化。土壤透气性逐渐降低，可供降解的有机质越来越少，微生物数量迅速下降，氮矿化随之下降。但在干旱为强烈限制因子的地区，深层土壤微气候条件比表层更有利于微生物活动。表土较高C、N矿化率可归因于较高的有机质数量和质量，而不受土壤微气候的限制。

1.2.4.2　土壤理化性质

(1)土壤质地和土壤团聚体。土壤质地通过影响好氧菌活动或黏粒与有机质的结合等对有机质提供保护，从而对氮矿化产生作用。细质土比粗质土能固定更多C、N。砂土的氮矿化高于壤土和黏土。此外砂土中微生物生物量的C/N比高于壤土和黏土，且与单位微生物氮生物量的矿化率呈正相关(Hassink *et al.*, 1993)。不同大小干燥土壤团聚体中有机N的矿化不同，可矿化有机氮库的大小依赖于其物理强度，即土壤团聚体的大小和稳定性(Sollins *et al.*, 1984)。团聚体越小、稳定性越弱，其有机质越易被微生物降解，可矿化有机氮库越大。黏粒/腐殖质比愈高的土壤，氮矿化愈低，因为黏粒对有机质有保护作用。对不同粒径的团聚体进行矿化实验的结果表明，粒径愈小者氮矿化率愈高，表明粒径愈小的团聚体中含有易分解性氮的比例愈大。

(2)土壤有机质的存在状况。室内和原位氮矿化研究表明：赤桉林土壤有机质中的粗质小片段(>0.2mm)并未产生任何矿质氮；约80%的矿质氮由半分解的有机质片段提供，而合欢林土壤中为30%～50%(Bernhard - Recersat, 1988)。沼泽地区的研究发现，富含N、P的细胞质易破碎并快速释放养分，而细胞壁分解较慢，以至于无更多的N和P固定成微生物组织。表明相对较小片段的、不稳定的有机质库对温、湿度或其他因子敏感度要比大片段、难降解有机质的敏感度大，这种库的大小往往引起碳、氮矿化的不同(Arunachalam *et al.*, 1998)。

总之，当有机质、微生物残体被降解时，细胞质迅速降解，而细胞壁物质则矿化较慢，因此后者以易分解性有机质的形式(主要为氨基酸和氨基醣)积累起来。而干燥和热处理将促进其分解和矿化，这种现象称作干燥效应。对于不同土壤，细胞壁物质的矿化率及其干燥效应的大小，与土壤的黏土矿物类型、游离铁铝等无机胶体的性质及数量有密切关系，这可能是不同土壤中同一形态氮素分解、矿化差异较大的主要原因。即便同一土壤中，各形态有机质的分解、矿化程度也可能相差数倍(Reich *et al.*, 1997)。

(3)土壤 pH 值和盐碱度。pH 值升高促进了氮矿化，尤其是硝化随 pH 值增加而线性增加。这一机制在土壤酸化、硝化引起的土壤氮素流失研究方面具有重要意义。野外酸化试验地中腐殖质为对象的研究表明，酸化和施石灰处理对 N 矿化的影响因土壤类型不同而异。在碱性松林灰壤中，酸化处理对矿化速率的促进作用明显低于棕壤，而施石灰则降低了矿质 N 的量，导致净固化的产生。酸化处理显著降低施 N、P 和 K 肥样地，特别是棕壤样地中腐殖质样品的硝化作用，而施石灰则提高相同样品的硝化作用(Popovic, 1984)。有研究表明，施石灰和石膏对有机质层的矿化作用没影响，但施石灰能使矿质土壤 N 素的矿化作用增加 3 倍，而石膏却无影响(Klemmedson *et al.*, 1989)。除土壤 pH 值外，土壤盐度也影响着氮矿化。氨化菌比硝化菌更耐盐度，且随盐度增加，总氮矿化量下降。

(4)土壤矿质氮含量。土壤矿质氮一般含量与培养期间矿化氮产量呈负相关，土壤中存在一个控制氮矿化的反馈机制：较高的矿质氮初始值限制了土壤氮矿化，且这一机制与土壤微环境中的“矿化—固定”过程有关。这种关系随土壤水分含量而变化，当土壤水分较充足时存在上述关系；而水分含量较低时不太明显，原因是低水分限制了氮矿化，并对“矿化—固定”过程产生影响。

1.2.4.3 植被及凋落物

凋落物的生物产量、质量及形态特征依赖于群落类型和树种组成。不同区域及演替的不同阶段的群落类型和树种组成的差异使凋落物产量、质量及形态特征有很大的变化，对氮矿化产生强烈影响；反过来，氮素可利用性也影响树种组成和物种多样性的变化，这与演替关系密切。

(1)群落类型和树种组成。对合欢、赤桉的研究发现，不同群落类型下的氮矿化有明显差异；反过来，对于某个区域，森林生态系统的生产力的变异是由于土壤氮矿化率的变异引起的。地上部分生产力和土壤年氮矿化量均强烈地受土壤类型而不是群落类型的影响(Reich *et al.*，1997)。含氮有机质的分解、矿化随群落类型和树种而变化，一般针叶纯林的凋落物不易分解、矿化，针阔混交林则反之。不同植被和水体条件下的研究表明：不同植物占优势的沼泽类型的土壤氮矿化有明显差异，且氮矿化随土壤深度加深而降低。

(2)凋落物质量。不同树种构成的森林产生的凋落物的数量和化学成分也有很大差异。土壤氮矿化与凋落物 C/N 比呈负相关，高 C/N 比使凋落物的矿化速率较低。亚热带湿性森林的研究表明，低碳氮比(C/N < 25)基质与高碳氮比(C/N > 25)基质相比，氮矿化速率更高(Arunachalam *et al.*，1998)。因为氮常常是限制性养分，在低 C/N 条件下细菌生长受碳的限制，由于氮源充足，氮固定将很小；反之当 C/N 高时，细菌生长因受氮的限制而处于缺氮状态，矿化出的氮素将被迅速固定。这表明 C/N 对"矿化—固定"过程有重要影响，并进而影响氮矿化速率，这样氮矿化就通过微生物与 C 流动连接起来。

凋落物中木质素/N 比能够比 N 素浓度更好地预测分解速率和氮肥矿化速率，而这种关系背后的机理可能源于多酚化合物的影响。另外，不同树种凋落物质量之间的差异能够显著改变土壤 N 素的转化率，土壤 N 素供应的改变有利于某些物种的生长，而那些具有高 N 素转化率的物种则会反过来产生"优质"凋落物，从而进一步提高土壤 N 素供应。尽管不同物种产生的凋落物总量不同，但是物种间凋落物总量的差异却往往小于养分浓度和养分间比率的差异。对含有固氮肥树种的林地来说，凋落物总量通常和含有非固氮肥物种的林地相似。但固 N 林地的养分含量却大大高于非固 N 林地，固氮肥树种对生态系统生产力和养分循环的主要影响可能更多地源于优质凋落物的输入。

(3)木质素/氮素比(L/N)。在不同气候、不同土壤类型以及不同总凋落物输入的条件下，凋落物质量通过影响土壤中有机质的质量而对净氮矿化有很强的控制作用，并且独立于气候和土壤因素，对净氮矿化有良好的、普遍性的指示作用。

当凋落物的木质素/氮素比率增加时，净氮矿化呈强烈非线性下降；对部分树种而言，净氮矿化呈线性下降。这种关系在森林地面和矿质土壤中较相似。因此，在较宽的林龄范围内，凋落物的木质素/氮素比率能比气候因子更强烈地影响净氮矿化。低凋落物质量(木质素/氮素比率高)将氮矿化限制在较低的水平，当木质素/氮素比率降低至一个较低值后，氮矿化迅速增加(Finzi & Canham，1998)。

(4)凋落物形态特征。不同的森林地面，其组成物质的化学性质明显不同，导致它们被微生物所矿化的难易程度不同，因此矿化氮和氮矿化常数 k

值存在明显差异。各种森林地被物室内培养期间生物量中的植物氮吸收与矿化氮高度相关，但比有氧培养推出的一级动态指数的预测低50%～80%。不同森林地面中，生物量植物吸收和预测氮矿化量间的关系也不同，说明不同有机物类型中，植物对可矿化氮动态的影响不同。各森林地被物之间氮矿化特征的不同表明，森林地被物形态学可以为评价立地质量提供基础。

1.2.4.4 土壤动物和微生物

土壤动物(如蚯蚓、线虫等)是参与凋落物裂解与土壤有机质分解转化为无机N的工程师，而土壤微生物(如真菌、放线菌和细菌等)则是完成土壤N素转化主要过程(如氨化、硝化和固持)的幕后英雄。如氨化作用需要氨化细菌来完成，硝化作用则需要硝化细菌来完成。土壤动物和微生物的种类、数量、种群结构与动态，以及它们间的相互关系都会对矿化过程产生影响。

(1)土壤动物。土壤动物的种类及其生物功能与氮矿化有密切关系。土壤动物常常增加有机质的分解和氮素的矿化。Ferris(1998)用沙柱培养的对照实验比较了不同线虫对氮矿化的影响。发现线虫的存在显著增加了氮矿化率，不同种的线虫最适合的环境因子有较大差异，因此不同季节各类线虫占据的优势也不同增加了土壤养分的可利用性。研究表明，土壤中的微型动物区系在低、中湿度水平条件下能够减少线虫等的种群，并降低净N矿化(Sulkava *et al.*，1996)；蚯蚓活动增强则能够促进有机氮大量矿化为无机氮，可达90kgN/(hm^2·年)(Willems *et al.*，1996)。

(2)土壤微生物。由于不同微生物的降解能力不同，作为有机质分解和矿化的“工程师”，其种类和密度对氮矿化有强烈的控制作用。陆地生态系统氮动态受土壤微生物生物量通量的控制，要强于受微生物生物量大小变化的控制。尽管净氮矿化的季节格局不同，但年均速率变化很小。同时，微生物生物量代表了一个重要的氮源，其数量受地上、地下植物凋落物产量不稳定C的通量的影响。因此，微生物生物量库随控制微生物生长的因子的季节变化而改变，反过来影响净氮矿化速率。

北方阔叶林生态系统的研究表明，微生物生物量库显示了较小的季节波动，且与净氮矿化率无显著相关，表明微生物库保持相对稳定，而其通量随时间变化。土壤微生物生物量暂时作为“矿化—固定”中易矿化氮的源和库存在，是氮通量的转换者(Smith *et al.*，1994)，即净氮矿化可能受微生物生物通量控制，而不是生物量库的大小变化。氮矿化存在明显季节差异，但是总氮矿化的变化并不反映土壤微生物氮库的大小(Puri，1994)。实际上微生物氮库在不同季节基本稳定，因此仅有部分微生物生物量与氮矿化有关。土壤温、湿度是影响总氮矿化率的最重要因子，微生物的种类、结构及功能同样与氮的分解、矿化有密切关系。如真菌对地表有机质的降解作用要大于其他微生物，而细菌对埋入土壤中有机质的降解作用则更加重要。如果去除真菌和细菌，则降解速率分别降低约36%和25%。在取食真菌的小型节肢动物数量较少时，腐生真菌将对氮的固定起主要作用，固定量可达86%。

2 湿地土壤碳、氮库研究

湿地兼具有水、陆两类生态系统的特征，分布于世界各地，据初步统计，全球湿地的总面积是$8.56\times10^8hm^2$，约占世界陆地面积的6.4%。而我国的湿地面积达$6.59\times10^7hm^2$，几乎涵盖了国际湿地公约的所有湿地类型，居亚洲第一、世界第四位(熊汉锋，2005)。

湿地(wetland)是历史演变过程中，自然地理变化和人为活动的产物之一。而城市湿地公园位于或邻近城市，与人类有非常密切的关系，对于城市水域、大气生态环境的保护、动植物物种多样性的保护、预防自然灾害和社会服务功能等的影响具有举足轻重的作用(唐铭，2010)。如何管理、利用和保护好湿地公园，长期以来始终是许多湿地景观设计者和生态学工作者探索的问题。

对全球气温变化的研究逐渐深入，人们越来越关注碳循环的研究，也是全球变化研究三大热点之一(周广胜等，2002)。湿地是空气中CO_2浓度含量和湿地土壤中碳储存量的媒介。由于开垦、过度放牧、牧渔等人类生产活动使土地利用的格局发生变化，使湿地生态系统中碳大量的释放，而造成CO_2在大气中的不平衡；同理，湿地功能强弱及面积的大小影响着空气中被固定的CO_2浓度含量。正是基于以上认识，对湿地生态系统碳循环的研究才重新受到各国学者的重视。另一方面，大气中含量较丰富的氮元素，也是湿地生态系统中最重要的限制因素之一，也是使水域发生富营养化的重要诱导因子，更在湿地营养水平上起指示物的作用(白军红等，2002)。氮含量可以通过改变植物体中碳含量，进而使生态系统中碳的分布发生变化，所以湿地中氮循环的不平衡将会影响到其他重要的生物循环，甚至可以使全球环境发生变化。土壤中碳氮含量的变化涉及气候变化、水分变化、植被类型、土壤中各个元素、土壤呼吸等众多相互联系和相互影响的生物化学过程。在生态系统的物质循环中，土壤碳素和氮素被紧密地联系在一起(武小钢，2011)。

2.1 湿地土壤有机碳及其影响因素研究

2.1.1 我国湿地土壤有机碳

我国关于土壤有机碳主要从具体地区和生态群落间关系进行研究的(李凌浩，1998；王艳芬等，1998)。我国土壤有机碳储存量损失的主要途径有：湿地开垦、土壤侵蚀和生态退化等(史德明等，2005；任京辰等，2006)。据记载，全球湿地土壤的碳储存量为350~535Gt，仅次于热带雨林(刘春英和周文斌，2012;)，约占全球土壤碳储存量的20%~25%。在陆地各类生态系统中，其单位面积碳储量也是最高的，是森林生态系统单位面积碳储量的3倍。

湿地中的碳素主要储存在泥炭和富含有机质的土壤、植物体内，而储存在土壤中的碳含量占到湿地碳储存总量的90%以上，因此，湿地土壤中的碳含量就是我们通常所说的湿地碳素。全球土壤有机碳的含量在海洋的碳储存量和大气碳储存量之间，约占陆地生态系统碳储存量的75%，为全球范围内第二大碳库(Houghton *et al.*，1990)。而储存于湿地土壤中的有机碳含量最高(35.6kg/m^2)，在农业用地(14.0kg/m^2)和森林土壤(16.9kg/m^2)之间(Krogh *et al.*，2003)。在没有人类干扰且气候稳定的条件下，相对于其他生态系统，湿地能够更长期地进行碳储存(张永泽，2001)。

不同气候区域的湿地土壤有机碳含量也存在着较大的差别。我国的三江平原和纳帕海高原湿地处于高海拔、高纬度地区，由于这一地区气温低、湿度大的气候条件所影响，使得微生物活动能力弱，植物残体在土壤中的分解减缓，湿地土壤有机碳含量普遍都较高(石福臣等，2007；张昆等，2008)。三江平原的沼泽土有机碳含量为96~184g/kg，纳帕海湿地土壤有机碳含量为30.97~103.10g/kg。有研究表明高纬度地区的湿地贮藏了全球近1/3的地表碳储量(Gorham，1991)，远大于其他几个气候条件所影响下的湿地土壤有机碳含量。我国洞庭湖和闽江河口湿地位于温暖、湿润的热带、亚热带地区，其受到海洋性季风气候的影响，有利于植被的生长，而湿地草本植被生长期较短，生物量积累较弱，温度高使其有机碳加速分解，而减弱了土壤有机碳的积累，洞庭湖湿地土壤有机碳含量为19.63~50.20g/kg，闽江河口湿地土壤有机碳含量为25.11~56.29g/kg(彭佩钦等，2005；曾从盛等，2008)。受到干旱少雨的气候影响的艾比湖湿地土壤有机碳含量较低，其碳输入量远不如亚热带地区，艾比湖湿地土壤有机碳含量为1.08~11.49g/kg(张雪妮，2011)。盐城海滨湿地(毛志刚等，2009)位于受到典型季风气候影响的沿海滩涂地区，表层土壤有机碳含量介于1.71 ~7.92 g/kg之间。综上所述，不同气候区土壤有机碳的含量存在着很大的区别，气候和植被是最重要的影响因子。

2.1.2　影响土壤有机碳积累的关键控制因子

土壤有机碳的储量大小受气候、温度、水分、植被、土壤理化因子以及人类干扰等诸多因素的影响，诸多因素之间相互作用更对土壤有机碳的动态循环变化起着至关重要的作用。

气候因子在土壤有机碳累积过程中起着重要的作用。气候变化对土壤有机碳储量的影响有以下两个方面：一方面，气候条件影响植物的生长情况，改变土壤有机碳输入量(植物残体向土壤的归还量)，影响土壤有机碳储量；另一方面，关于土壤有机碳的输出过程，起主要驱动力的微生物对碳的分解和周转有影响，通过气候条件的变化，使微生物的生存条件发生改变，进而改变植物残体和碳含量的分解、转化速率(黄昌勇，2000)。气候变化主要通过温度、水分等因素的变化影响土壤碳储存。

全球变暖是全球气候变化的主要标志，而逐渐呈上升趋势的温度与湿度，对土壤有机碳产生了重要的影响。影响土壤微生物活性和土壤有机碳分解速率的关键因素有：温度、水分(Amato & Ladd，1992)等。杨继松等(2008)通过对小叶章(*Deyeuxia angustifolia*)湿地中土壤有机碳随着温度和水分条件而发生的矿化动态的研究，发现在25℃时较15℃时有不同程度的提高，表明：温度对湿地土壤有机碳矿化具有极显著影响($P<0.001$)。吴金水等(吴金水等，2004)采用SCNC模型模拟预测到2050年气温升高1.5 ~3℃，而其他条件不变的情况下，亚热带地区和黄土高原地区的土壤有机碳积累水平将分别下降5.6%~10.9%和3.6%~9.4%。所以，生态系统中，土壤有机碳含量随温度的升高呈指数下降(Lal，2002)，其原因是较高的温度能激发土壤微生物活性，矿化速率快，土壤有机质的分解加速，将土壤有机碳释放到大气中，积累量减少(Schimel *et al.*，1994)。一般来讲，在0 ~30℃范围内，温度每升高10℃，土壤有机质的分解速率提高2 ~3倍。

湿地水分含量对湿地植物的影响较为显著，对于湿地CO_2及CH_4排入量的影响条件是：季节性的干、湿交替变化和湿地水位的变化等。随着湿度的升高，土壤微生物活性减弱，土壤有机质的分解速率随之减小(Paul & Clark，1989)。随着土壤湿度的降低，根呼吸速率下降，故土壤湿度降低有利于有机碳的积累。但也有部分研究不支持这一结论，在极端的环境下，干旱将导致植物死亡，造成土壤有机碳的减少(Breshears & Allen，2002；李丽等，2011)

对若尔盖典型泥炭湿地的研究结论与这一结论相符，结果表明随着湿地水位的下降，进入土壤的氧气变多，好氧微生物活动频繁，导致大量的碳输出，造成严重的碳损失。太湖湖滨带有机碳随着水分梯度的升高而逐渐增多(沈玉娟等，2011)。说明水分条件的改变，特别是湿地积水环境的减弱、排水疏干等干扰措施会显著影响其有机碳的积累，从而影响生态系统中的碳循环。

林心雄等(1995)研究表明土壤有机碳的分解速率由温度与降水共同决定。周涛等(2003)认为中国土壤碳储量与年平均温度、年降水量的相关性在不同的温度带下具有很大的差异。说明温度和水分对土壤呼吸强度和湿地有机碳分解具有交互作用，温度和水分二者的综合作用决定着土壤有机碳的地理地带性分布。

2.1.3 植被对土壤有机碳的影响

植被地上部分的凋落物及其地下部分根分泌物周转产生的碎屑是土壤有机碳的主要来源。植被变化通过两个途径影响有机碳库储存量，一是改变碳输入特征；二是改变环境因子。在自然植被条件下，植被特征影响着土壤有机碳的周转，凋落物归还量和根系分泌物是土壤有机碳的输入主体(黄昌勇，2000)。不同植被类型间，进入土壤的有机物数量、方式和成分都各异，使得土壤有机碳的储量和分布状况也有很大差异。植被的物种组成在某种程度上控制着土壤有机碳的分解速度，同时土壤碳含量的差异会导致植被多样性的变化。植被类型间各个植物的生长方式也有差异，这些差异将影响到以凋落物形式输入的碳在有机碳输入中的相对数量。

2.1.4 土壤各理化因子对土壤有机碳的影响

气候和植被在较大范围内影响土壤有机碳的分解和积累，而土壤理化特性在局部范围内影响土壤有机碳的含量(白人海，2005)，如土壤质地、土壤含水量、pH 值及其养分状况等均会影响有机碳在土壤中的积累。白军红、邓伟等认为土壤含水量和 pH 值对表层土壤碳、氮含量及碳氮比值影响显著。土壤微生物的活性显著影响着土壤有机碳的分解，其中土壤微生物量与有机碳、全氮及有效氮含量是显著相关的(Nakane *et al.*，1995)，影响微生物活性的有：强酸性的土壤环境会抑制微生物的活动，从而使有机碳分解速率减少；土壤碳氮比对其也有一定促进或限制作用，当增加土壤氮素时，可以促进微生物的活性，提高土壤有机碳的分解速率等(Parton *et al.*，1994)。

氮、磷这两类重要的营养元素，在土壤生物地球化学循环过程中，其含量被作为影响土壤的理化性质及碳贮存的重要指标(吕国红等，2006；樊后保等，2007)。大量的氮、磷营养进入湿地生态系统中，必将对湿地生态系统各碳库产生不同的影响，进而影响生态系统碳蓄积，依靠产生和分解输出之间的平衡(李英臣和宋长春，2012)。不同类型群落土壤中各土层全氮与全磷含量具有明显的差异，但整体的变化趋势与有机碳的变化趋势基本相似，均呈现近水区含量最大，且随着距水域的距离越远而含量变小。土壤全氮与有机碳呈现线性正相关，而土壤全磷与有机碳则呈现指数正相关，这表明土壤中氮、磷含量在有机碳的积累过程中具有不同的影响作用(沈玉娟等，2011)。

2.2　湿地土壤氮素转化及其影响因素

湿地土壤氮素的转化可分为系统内和系统外两种。其中系统内包括矿化—固定、硝化—反硝化、植物吸收等；而系统外分为输入和输出过程。这些过程主要发生在大气内部、土壤内部、水体内部的物理、化学和生物学过程的综合，其中有些过程是交叉进行的，它们之间存在着密切的耦合关系，相互制约、相互作用。

2.2.1　湿地土壤氮的输入

在湿地生态系统中，氮素的输入主要包括大气氮沉降、凋落物的归还、生物固氮、径流氮输入和人为的氮素输入等途径。大气氮沉降主要有湿沉降、干沉降和混合沉降3类。湿沉降是指自然界发生的雨、雪、冰雹等各种降水过程，而干沉降是指大气气溶胶粒子的沉降过程，混合沉降则是指二者的混合物。氮的干、湿沉降是湿地生态系统中氮素的一个重要输入源，除了少量的被植物直接吸收外，大部分都进入了土壤层。氮沉降对湿地生态系统的影响及其对温室效应的贡献率方面还是有很多不确定性。全球逐渐增强的变暖趋势，使得湿地温室气体排放的研究备受关注，随着CO_2浓度的升高，氮素可能会成为植物生长的一个限制性因素，氮沉降的增加可能会使湿地生态系统的碳汇增大(白军红等，2005，2006)。它显著影响着湿地群落的组成和生态系统的演化过程。

生物固氮是大气中的分子态氮在湿地微生物体内由固氮酶催化还原为氨的过程，包括植物固氮和微生物固氮，微生物固氮是生物固氮的主体要素。除大气氮沉降和生物固氮外，人为氮和径流氮输入等也是湿地系统氮素的重要来源。这些氮源主要包括农业非点源化肥氮、点源工业废水和生活污水排放等。氮素的输入能够提高沼泽湿地碳的生物累积，但过多的氮素输入则引起植物生产力的降低，并对常年积水沼泽湿地有机物质的分解有抑制作用。影响着湿地对氮素的输入量的影响因子有：水压负荷、有机碳、水位、植被、人类干扰等(白军红等，2005)。

2.2.2 湿地土壤氮的输出

湿地生态系统中，氮素的输出主要包括：植物吸收、土壤 NH_3 的挥发、径流输出、反硝化气态损失和淋洗等过程。湿地中的氮素主要以有机氮的形式存在，而有专家研究发现芦苇对无机氮的吸收量很高(Romero *et al.*，1999)，不同的湿地植物对氮素的吸收截留能力都有差异。影响自然土壤氨挥发的因子主要有土壤 pH 值、阳离子交换量、湿度、风速等环境因子。Martin 和 Reddy(1997)认为湿地中 NH_4^+-N 向 NH_3-N 的转化过程由水体 pH 值来调控。Rao 等(1984)也发现当湿地土壤 pH 值为 8 ~ 9 之间时，NH_4^+-N 与 NH_3-N 之间将会进行大量的转化，但国内氨挥发研究则主要集中在农田生态系统，对湿地土壤 N_2O 的排放通量及其影响因素等方面的研究主要集中在人工湿地——水稻田上(Gao *et al.*，2002)。

2.2.3 湿地土壤氮素影响因素

国内对湿地土壤氮素的影响因素有：土壤有机质含量、土壤水分状况、温度、植物状况和人类活动干扰情况等。

(1)对氮矿化过程的影响。在我国，湿地土壤有机氮的矿化研究主要集中在人工湿地——水稻田上，对湿地土壤有机氮的矿化影响因子有：土壤有机质含量、土壤水分状况、温度和人类活动干扰情况等。有研究表明：不同层次的土壤有机质含量影响有机氮的矿化，其矿化率随土壤剖面深度的加深而降低；高温和干旱可能更利于土壤有机氮的矿化；人类活动可提高土壤氮素的矿化水平。

(2)硝化过程的影响。铵态氮硝化过程的影响因素有：土壤理化性质(pH、土壤质地、Eh 等)、水位、水中溶解氧浓度、植物和人类活动等。研究表明：湿地氮素的硝化速率与土壤 pH 值极显著正相关；土壤硝化率与土壤黏粒含量呈显著负相关；淹水土壤因 Eh 较低会抑制硝化作用的进行；人类活动促使矿质氮发生硝化转化。

(3)反硝化的影响。对反硝化作用强弱的主要制约因子有：土壤氮素、有机质含量；其次是土壤 pH 值、水分含量、温度等。研究发现：氮沉降量低的湿地反硝化作用低于氮沉降输入量高的湿地(Verhoeven *et al.*，1996)，Bowden(1986)和 Lowrance 等(1995)也证实了这一点，发现氮输入会增强反硝化作用；Davidsson 和 Stahl(2000)认为反硝化所需要的碳源，几乎全部来源于湿地自身环境；而 Gerke 等(2001)研究表明冬季期间湿地反硝化作用可能受碳供给的限制；湿地反硝化率的变化显著依赖于水温的变化，随水温的升降而增减；湿地植物对土壤氮素的反硝化作用具有明显的影响；Martin 和 Reddy (1997)指出许多湿地植被都具有较高的蒸腾作用，可把水体中的硝态氮输送到土壤厌氧层中，从而促进反硝化作用的发生；但 Lockaby 等(1997)认为植被收获对洪泛区湿地土壤反硝化的影响不大。

对于湿地土壤氮素的研究，基于空间分布，逐步开展了氮素转移、循环等方面的研究，可为土壤氮的研究打下基础，并且为湿地生态功能和恢复提供基础数据和理论的支持。

3　研究基础及项目研究意义

在同一时间，用同一方法，跨纬度气候带来研究有机碳的动态，难度很大，而海拔梯度的植被垂直分布带谱与纬度梯度上的水平分布的生物气候带具有类似的基本规律，随着海拔梯度变化许多环境因子都或强或弱地表现出一定程度的连续变化，与海拔梯度相适应的生态系统过程和属性是气候、植被和土壤长期相互作用的结果，因此对于缺乏连续、翔实基础资料和环境因子可控试验条件的情况下，海拔梯度就成为理想的研究场所(Garten *et al.*, 1999)，而且在垂直梯度带谱上的研究结果对于纬度梯度的水平带谱具有重要的指示意义。

芦芽山国家自然保护区是山西省北部的主要山脉之一，海拔高度差异大，形成了不同的气候带，植物垂直分布明显，植被类型在中国暖温带中部山地森林区具有很强的典型性，沿海拔自上而下分布着亚高山灌丛草甸带、寒温性针叶林带、针阔混交林带、落叶阔叶林带和森林草原带。保存有大面积华北落叶林和云杉林，是目前黄土高原森林生态系统保存最完好的地区之一，为研究不同植被类型下土壤有机碳库和氮的研究提供了理想的实验室。目前对这一地区的研究报道多为植被群落生态(张金屯，1989，2005；张丽霞等，2001)、旅游开发与植被环境关系(程占红等，2006)等方面，而对于垂直带土壤性质，特别是对气候变化具有反馈作用的土壤碳、氮等特征方面的工作尚无报道。

长治国家城市湿地公园是山西省及华北地区湖泊、河流湿地的典型代表，其丰富的自然资源和独特幽雅的景观，属全国保护较完好的沼泽湿地之一。因此，对长治城市湿地公园土壤有机碳、氮分布特征及其影响的研究，将有利于推进在基础理论水平上对湿地土壤—植物研究工作的进一步深化，为湿地管理、恢复提供更充分可靠的依据。

第2章　芦芽山典型植被土壤有机碳、氮剖面分布特征

土壤是陆地生态系统中最大的碳库，其碳储量占整个陆地生态系统碳库的2/3(Schlesinger，1990)。土壤有机碳(SOC)对于生态系统过程、大气组成及气候变化速率的作用及其重要意义已得到了普遍的认同(Raich & Potter，1995；Trumbore *et al.*，1996；Jobbagy & Jackson，2000)。SOC在土壤剖面上垂直分布格局的差异影响土壤碳动态，因此土壤有机碳的垂直分布成为近十年来土壤有机碳库研究的一个重要内容。Jobbagy 和 Jackson(2000)基于对全球2700多个土壤剖面的分析研究了土壤有机碳含量与气候、质地的关系，验证了植被类型是土壤有机碳垂直分布控制因子的假说，随着土壤深度的增加，土壤有机碳含量与气候的关系逐渐减弱，而与质地的关系逐渐增强。Wang 等(2004)利用第二次全国土壤普查获得的2473个土壤剖面数据对土壤有机碳与气候相关性的研究表明，SOC含量与年均降雨量显著正相关，而与年均温显著负相关，与年均降雨量相比，SOC的垂直分布与年均温的相关性更大。Batjes 和 Dijkshoor(1999)发现，降水和气候可以很好地预测土壤表层20cm内SOC库。

近年来，国内学者对不同时空尺度上不同生态系统的SOC空间分布、动态及其与环境因子，如气候、植被、地形、海拔、成土母质和时间等的相关性开展了大量卓有成效的研究(Wang *et al.*，2010；张鹏等，2009；徐侠等，2008；安尼瓦尔·买买提等，2006；王淑平等，2003)，为土壤碳管理技术研究提供了基础数据和理论支持，对土壤碳库的准确估算及碳通量评估提供了有力的支持。但是，土壤有机碳库并不是均匀的单一体，而是不同稳定性和周转期的异质复合体(Perruchoud *et al.*，1999)。土壤有机质的深度分布特征对于土壤有机碳库的总量计算及其稳定性均有直接影响，土壤有机质的剖面分布是有机质长期累积的结果，与土壤剖面的发育以及有机质的更新过程密切相关。全面翔实的土壤资料和观测数据对于SOC垂直分布格局及与气候、植被关系的认识和碳库估算精度具有重要意义。而更好地理解SOC的分布和控制因子，有助于提高我们预测并缓解全球气候和土地覆被变化不利影响的能力(Jobbagy & Jackson，2000)。

1 研究区概况和研究方法

1.1 芦芽山自然保护区自然概况

1.1.1 自然地理特点

研究地点位于芦芽山国家级自然保护区，芦芽山位于山西省吕梁山脉北端，黄土丘陵区的东部边缘(38°36′～39°02′E，111°46′～112°54′N)，山体由东北向西南斜向延伸，地势高峻，最高峰荷叶坪海拔2772m，是管涔山主峰，也是汾河水源地。植被具有明显的垂直地带性，从高海拔到低海拔依次分布着亚高山草甸带、寒温性针叶林带、针阔叶混交林带、灌草丛及农垦带。

1.1.2 气 候

受蒙古高原气候影响，具有明显的大陆性气候特点，夏季凉爽多雨，冬季寒冷干燥。据地理位置最近的五寨县气象站(海拔1401m)提供的1971～2000年气象资料数据(图2-1)，该地区年均温4.3～6.7℃，1月均温－19.6℃，极端最低温－36.6℃，7月均温19.9℃，极端最高温34.2℃，气温年较差和日较差大；年均降水量453.9mm，分布不均，6～9月降水量约占全年的70%，降水年际变化大，历年最大降水量为711.0mm，最少降水量为252.9mm；年蒸发量1800mm，年均相对湿度50%～55%；无霜期130～170d。

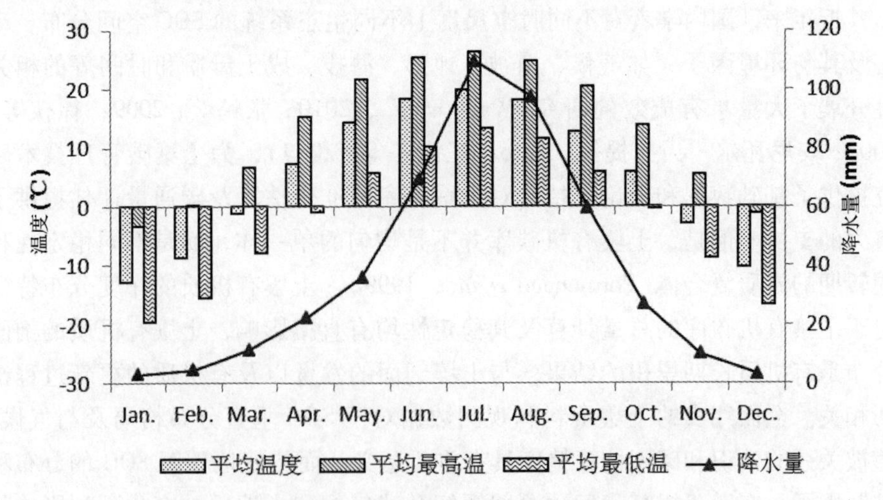

图2-1 五寨县1971～2000年逐月平均温度和降水量

Fig. 2-1 Mean monthly temperature and precipitation in Wuzhai County during 1971～2000

1.1.3 土　壤

在土壤方面，由于成土母质、地形、植被的影响，该区土壤分布比较复杂且凌乱。芦芽山基带土壤在东麓是由黄土母质发育而成的灰褐土，含钙量较高。西麓以褐土为主。土壤主要是在残积和坡积母质上发育起来的，随海拔高度增加依次为山地褐土(栗褐土)、山地淋溶褐土、棕色森林土和亚高山草甸土。

该山区历史上遭受过严重的侵蚀作用，在地貌方面形成了目前沟壑切割凌乱，地势起伏，悬崖峭壁到处可见的特征。最古老的地层属于太古界寒武—奥陶系地层，最年轻的地层属于中生界侏罗系地层。组成属吕梁土石山类型区，岩石以灰岩、片麻岩、花岗岩、砂岩等为主。

1.2 研究方法

1.2.1 取样方法

沿芦芽山海拔梯度(2756.3 ~ 1703.1m)，每下降约50m设置一个样带，共计21个样带，每个样带内取3个30m × 30m样地。每个样地挖1个土壤剖面，剖面深度视不同样地土层厚度而定，以1m为最大深度。首先在开挖的探坑一侧面选取采样柱位置，削平采样柱侧面，测定土壤表层凋落物层厚度后贴地面铲除采样柱表面(30cm × 30cm)的植物和凋落物，使用容积100cm^{3}的环刀按10cm间距分层采样以测定土壤容重，同时用不锈钢采样刀分层采集用于测定土壤有机碳的土壤，样品用塑料袋密封后带回实验室。现场调查每个样方中植物物种数、优势种、平均高度和平均盖度，并调查坡度、海拔、坡向与土壤类型。样地基本情况调查情况见表2-1。

表2-1　样地基本情况表

Tab. 2-1 The basic characteristics of the study sites

样地植被类型	海拔(m)	坡度(°)	坡向	土壤类型	植物种类
亚高山草甸(SM)(3)	2656.8 ~ 2756.3	11 ~ 18	阳坡	亚高山草甸土母质以变质岩风化残积物为主	苔草(*Carex* sp.)、车前(*Plantagoasiatica*)、珠芽蓼(*Polygonumviviparum*)、红纹马先蒿(*Pedicularisstriata*)、高山嵩草(*Kobresiapygmaea*)、老鹳草(*Geranium wilfordii*)、高山蒲公英(*Taraxacummongolicum*)

（续）

样地植被类型	海拔（m）	坡度（°）	坡向	土壤类型	植物种类
寒温性针叶林（CNF）（9）	2182.1 ~ 2598.4	17 ~ 38	阴坡 半阴坡	棕壤 母质为花岗片麻岩类风化的残坡积物	乔木种白杄（*Piceameyeri*）、青杄（*Piceawilsonii*）和华北落叶松（*Larixprincipis – rupprechtii*）为建群种，群落总盖度90%以上，乔木层郁闭度0.7 ~ 0.8；灌木种类主要有粗毛忍冬（*Lenicera hispida*）、三亚绣线菊（*Spiraea trilobata*）、悬钩子（*Rubus* sp.）；草本植物主要有老鹳草、苔草、翼茎风毛菊（*Saussurea sobarocephala*）、乌头（*Aconitum* spp.）等
针阔混交林（CBF）（5）	1906.1 ~ 2116.5	21 ~ 40	阳坡 半阳坡	淋溶褐土 母质为花岗片麻岩类风化物	乔木种白杄、华北落叶松、白桦（*Betulaplatyphylla*）、红桦（*Betulaalbosinensis*）和山杨（*Populusdavidiana*）为建群种，群落总盖度95%以上，乔木层郁闭度0.5 ~ 0.6；灌木种类主要有三亚绣线菊、粗毛忍冬、多花栒子（*Cotoneaster multiforus*）；草本种类主要有苔草、马先蒿（*Pedecularis* sp.）、龙胆（*Gentiana* spp.）
灌丛草地（SG）（4）	1703.1 ~ 1851.0	16 ~ 21	阳坡	褐土性土 花岗片麻岩类风化物残坡积母质	2005年农田退耕后撂荒后形成成，原种植农作物为莜麦（*Avenanuda*）、马铃薯（*Solanumtuberosum*）、谷子（*Setariaitalica*），现主要植被为蒿类（*Aster* sp.）、本氏针茅（*Stipa bungeana.*）、大针茅（*Stipa grandia*）等，群落总盖度60% ~ 70%

注：括号中的数字代表样地数量。土壤母质资料来源于：刘耀宗，张经元，康瑞昌，等. 山西土壤. 北京：科学出版社，1992.

1.2.2 分析测试方法

土壤容重的测定采用环刀法。环刀取样时要用力一致、均匀，取样后立即加盖，以免水分蒸发。

土壤含水量的测定采用烘干法。采样时选择在雨后至少4 ~ 5d的晴天进行采样。为了减少误差，一方面取样样品的重量都为25g左右，另一方面要去除掉样品中明显的枯枝和根段，对取回的新鲜土壤要及时地进行测定，最好在取样的当天进行测定。

土壤 pH 值的测定采用电位法。测定风干土样的 pH 值，方法是称取风干土样 10g，加入 20ml 重蒸馏水，充分搅拌，静止 5min 后测定，每个土样测三个重复，仪器采用全自动 pH 计。

土壤质地的测定采用比重计法。

土壤全氮的测定用半微量凯氏定氮法，土壤有机质的测定采用重铬酸钾氧化—外加热法进行。秤取风干好的土壤样品进行试验，每个土样做 3 个重复，求其平均值作为土壤样品全氮及有机质含量值。

1.2.3 数据处理

土壤碳储量的计算见公式(1)：

$$SOCC = \sum_{i=1}^{n} 0.58 \times T_i \times \rho_i \times M_i \times (1 - C_i) \times 10^{-1} \quad (1)$$

式中，$SOCC$ 为特定深度的土壤有机碳含量(kg/m²)，0.58 为 Bemmelen 系数(将有机质浓度转化为有机碳浓度)，T_i 为第 i 层土壤的厚度(cm)，ρ_i 为第 i 层土壤容重(g/cm³)；M_i 为第 i 层土壤有机质浓度(%)，C_i 为 >2mm 的砾石含量(%)，n 为剖面土层数。

土壤氮储量的计算见公式(2)：

$$SNT_S = \sum_{i=1}^{n} (N_i \times p_i \times T_i) \times 10^{-1} \quad (2)$$

式中，STN_S 为特定深度的土壤全氮储量(t/hm²)，N_i 为第 i 层土壤全氮含量(g/kg)，p_i为第 i 层土壤容重(g/cm³)，T_i为第 i 层土壤厚度(cm)，n 为土层数。

把所研究样地按照植被类型进行分类，分为亚高山草甸、寒温性针叶林、针阔混交林和灌丛草地四种群落类型。

所有数据均采用 SPSS17.0 统计软件进行统计分析，不同植被类型的土壤数据变量的差异运用 One - Way ANOVA 分析，比较用 Turkey's - b 方差分析，相关性分析用 Pearson 相关分析。图形用 Origin Pro8.0 软件制作。

2 典型植被类型下土壤理化性质剖面特征

2.1 土壤容重的剖面特征

从图 2-1 中可以看出，亚高山草甸(SM)、寒温性针叶林(CNF)和针阔混交林(CBF)土壤容重剖面表现形似的特征，即随着土壤层次的加深土壤容重增加。其中 CBF 随土层变化土壤容重增加明显，40~50cm 土层土壤容重值比

0～10cm 土层增加了 78.11%；而 SM 最下层(90～100cm)土壤比 0～10cm 土壤仅增加了 26.85%；CNF 居中 40～50cm 土层土壤容重值比 0～10cm 土层增加了 63.42%。灌丛草地(SG)土壤容重在 10～20cm 层次最大(1.350g/cm^3)，在 20cm 土层以下，随土层深度的增加而减小；土壤容重的变化范围为 1.086～1.350 g/cm^3。

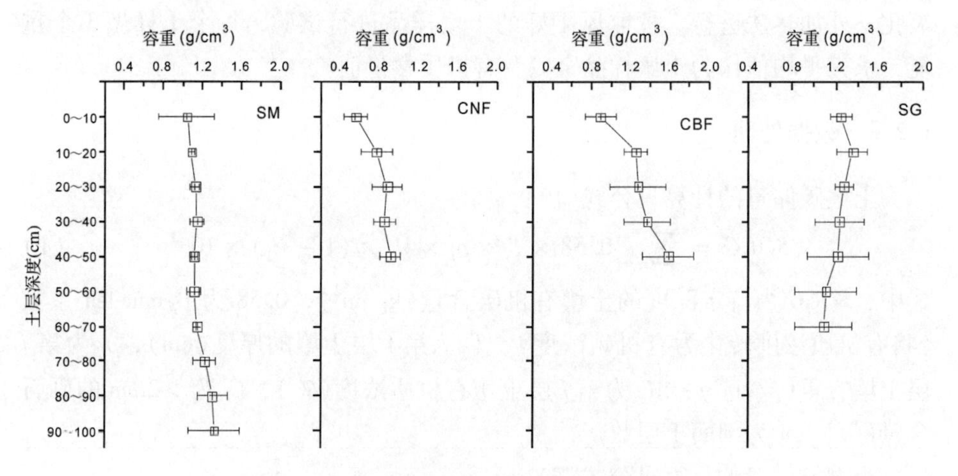

图 2-1 不同植被类型土壤容重的剖面分布

Fig. 2-1 Distribution of bulk density in different vegetations

SM：subalpine meadow，亚高山草甸；CNF：cold－temperate needle－leaf forest，寒温性针叶林；CBF：coniferous and broad－leaved mixed forest，针阔混交林；SG：shrub－grassland，灌丛草地。

2.2 土壤质地的剖面特征

由不同植被类型土壤黏粒含量的剖面分析表明(图 2-2)，SM 土壤(0～100cm 土层)黏粒含量的变化趋势表现为减—增—减的变化趋势，10～20cm 土层土壤黏粒含量最小(22.22%)，40～50cm 土层黏粒含量最大(33.67%)。CNF 土壤(0～50cm 土层)黏粒含量的变化趋势表现为增—减—增的变化趋势，0～10cm 土层黏粒含量最小为 21.93%，40～50cm 土层最大为 26.70%。CBF 和 SG 土壤黏粒含量随土层深度的变化没有明显的规律，土壤黏粒含量在剖面上的变化幅度分别为 13.69%～20.40%、16.06%～20.05%；CBF 中土壤表层(0～10cm)土壤黏粒含量在总剖面中最大；SG20～30cm 土壤黏粒含量最大。

由图 2-3 分析表明，CBF 土壤粉粒含量随土层深度的增加而减小，变化范围在14.39%~34.14%。SM、CNF及SG土壤剖面粉粒含量没有明显的变化规律；变化幅度分别为31.51%~39.19%、28.34%~38.24%、28.13%~39.19%。其中CNF和SG土壤剖面中，0~10cm土层土壤粉粒含量最小，分别为28.34%和28.13%。

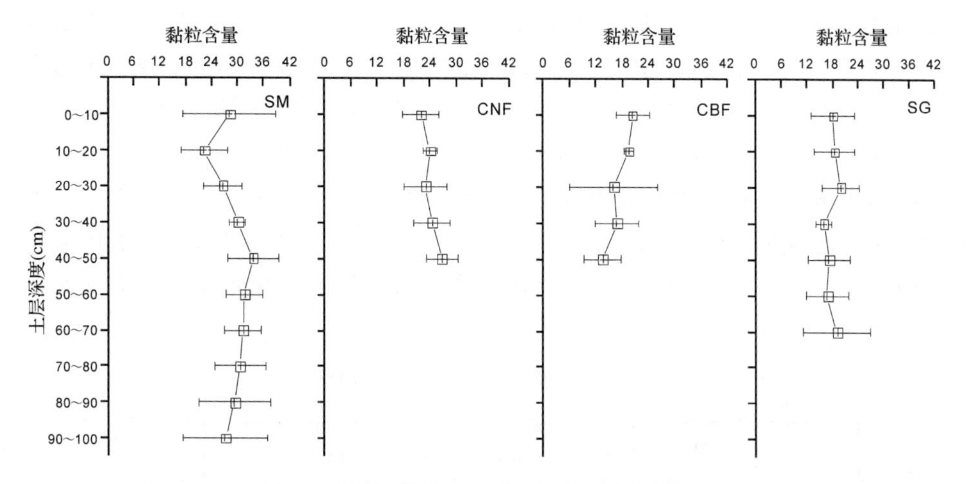

图2-2　不同植被类型土壤黏粒含量的剖面分布

Fig. 2-2 Distribution of clay content in different vegetations

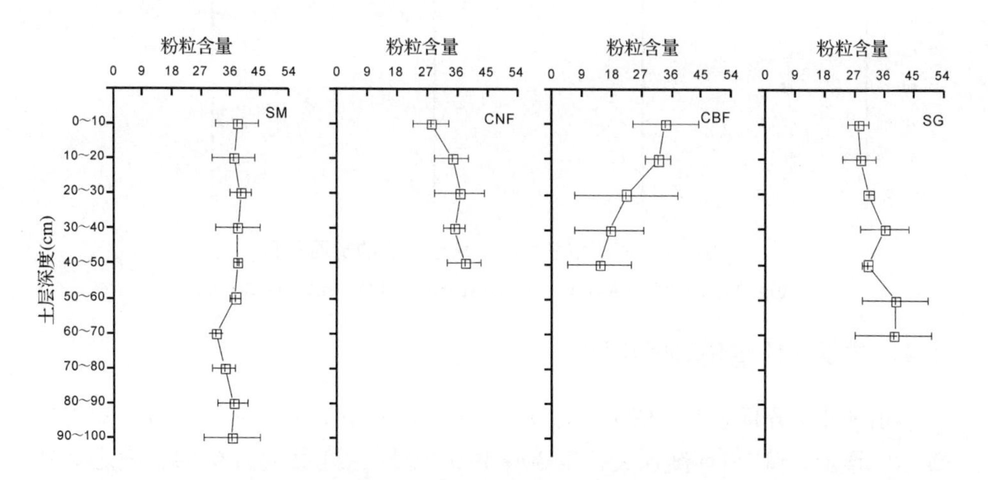

图2-3　不同植被类型土壤粉粒含量的剖面分布

Fig. 2-3 Distribution of silt content in different vegetations

2.3　土壤含水量的剖面特征

对不同植被类型土壤含水量的剖面分析结果表明(图 2-4)，CBF 土壤含水量在剖面上的变化最明显，变化幅度为 8.84%～25.26%；其中 0～10cm 土壤含水量最大(25.26%)，随土层深度的增加，土壤含水量逐渐递减。SG 土壤含水量在剖面上的变化相比最不明显，变化幅度为 17.10%～20.65%；土壤含水量最大的层次为 30～40cm 土层，10～20cm 土层土壤含水量最小为 17.10%。CNF 土壤表层(0～10cm)含水量最大(39.44%)，土壤下层(40～50cm)土壤含水量最低(30.48%)；总体表现为减—增—减的变化趋势。SM 20～30cm 土层土壤含水量最大为 23.80%，土壤表层(0～10cm)含水量最低(19.85%)；0～10cm 土层和 10～20cm 土层含水量的变化较明显，下层比上层增加了 19.34%。

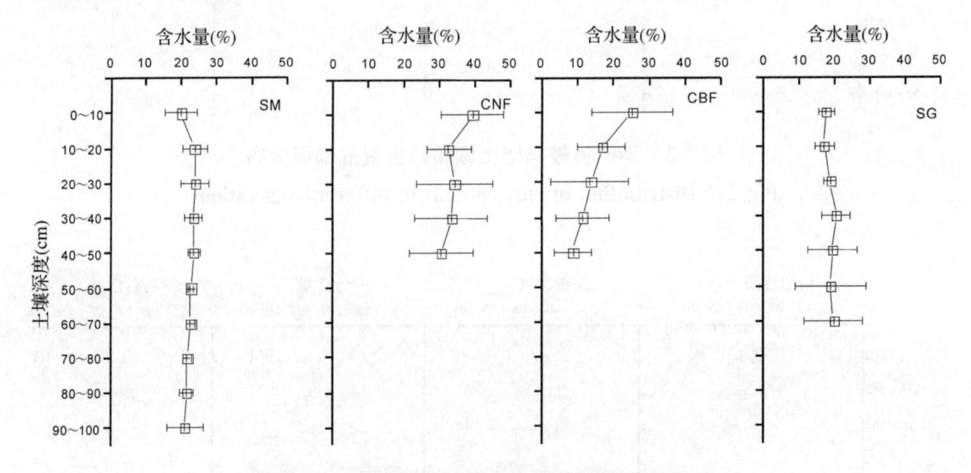

图 2-4　不同植被类型土壤含水量的剖面分布

Fig. 2-4 Distribution of soil moisture in different vegetations

2.4　土壤 pH 值的剖面特征

由图 2-5 分析表明，CNF 土壤表层(0～10cm)pH 值最小(6.28)，随土层深度的增加，pH 值逐渐加大，至 30～40cm 土层达到最大为 6.64，随之又减少，pH 值的波动幅度在 0～10cm 与 10～20cm 间最大，上升了 4.40%。SM 土壤 pH 值波动幅度在 6.39～6.61 之间，其中 0～10cm 土层 pH 值最小，20～30cm 土层 pH 值最大。CBF 土壤 pH 值变化趋势是先减后增，10～20cm 土层 pH 值最小为 6.57；20cm 以下土层随土层深度的增加 pH 值也增加；土壤 pH 值的变化幅度为 6.57～6.96。SG 土壤为褐土性土，受成土母质影响，土体有石灰反应，因此剖面各层土壤 pH 含量偏高，呈现弱碱性(7.54～7.89)，表现为随土层深度的增加 pH 逐渐增加的趋势。其他三种植被类型土壤母质为花岗片麻岩残坡积物，土体中碳酸钙淋溶过程强烈，均为弱酸性。

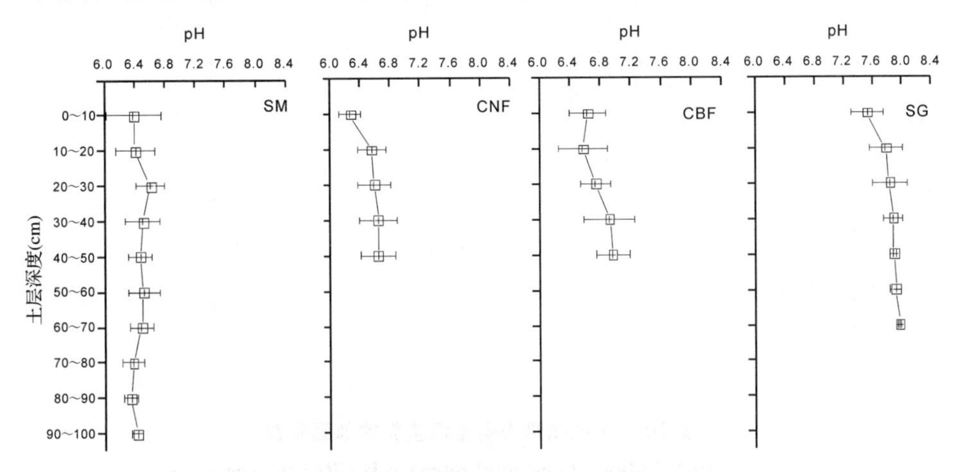

图 2-5　不同植被类型土壤 pH 的剖面分布

Fig. 2-5　Distribution of soil pH in different vegetations

3　典型森林植被类型下土壤有机碳、氮剖面分布特征

3.1　土壤全氮含量剖面分布规律

SM 土壤全氮含量土壤剖面特征变化明显(图 2-6)，表现为随土层深度的增加，土壤全氮含量明显减少，变化的幅度为 0.29～3.66g/kg，土壤表层(0～10cm)土壤全氮丰富。CBF 土壤全氮含量也表现为随土层深度的增加土壤全氮含量减少的规律，土壤表层(0～10cm)全氮含量最高(2.09g/kg)，40～50cm 土层土壤全氮含量为 0.487g/kg。CNF 和 SG 土壤全氮含量没有明显的变化规律，土层间土壤全氮含量的差异较小，变化范围分别为 2.39～3.62 g/kg 和 1.34～1.87g/kg。土壤表层(0～10cm)土壤全氮含量表现的大小顺序为 SM > CNF > CBF > SG。

3.2　土壤氮储量在剖面上的分布规律

SM 和 CBF 土壤氮储量的剖面分布特征表现为随土层深度的增加而减少的变化规律(图 2-7)；变化范围分别为 1.28～3.44g/hm^2 和 0.75～1.85g/hm^2。CNF 和 SG 氮储量土壤剖面垂直变化差异不明显，变化范围分别为 1.95～

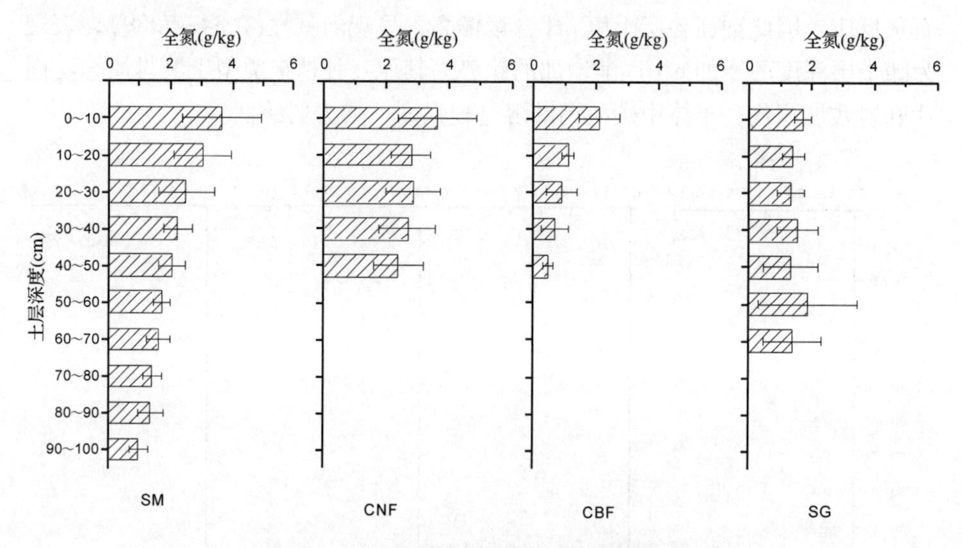

图 2-6 不同植被类型土壤全氮的剖面分布

Fig. 2-6 Distribution of soil total nitrogen in different vegetations

2.44g/hm^{2}和1.38～2.14g/hm^2。土壤表层(0～10cm)土壤全氮储量的大小顺序为：SM＞SG＞CNF＞CBF。

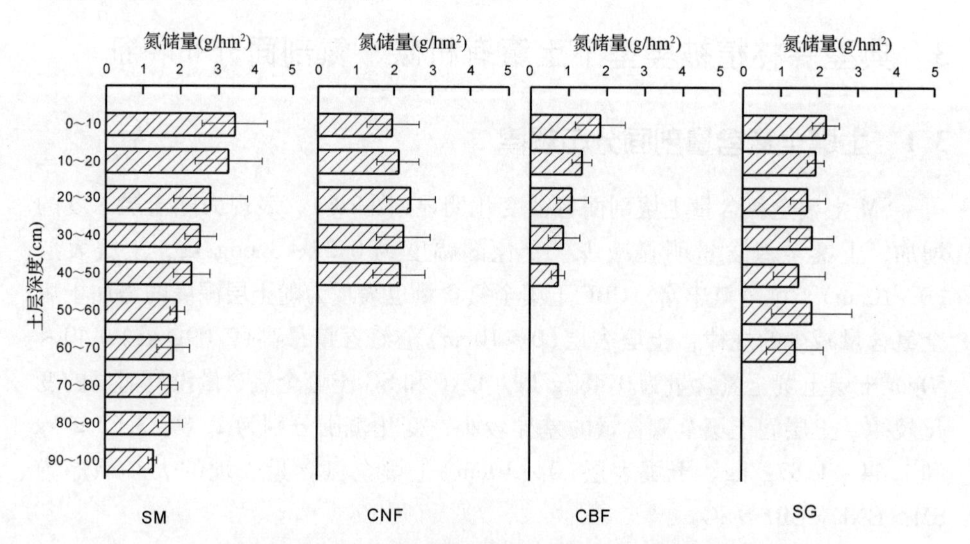

图 2-7 不同植被类型土壤氮储量的剖面分布

Fig. 2-7 Distribution of soil storage of nitrogen in different vegetations

4　典型森林植被类型下土壤有机碳剖面分布特征

4.1　土壤有机碳含量剖面分布规律

CBF 土壤剖面有机碳含量表现为随土层深度的增加而减少的规律(图 2-8)，0～10cm 土层有机碳含量 26.59g/kg，40～50cm 土层 SOC 含量为 7.18g/kg。SM10～20cm 土层土壤有机质含量最高为 29.94g/kg；20cm 土层以下，SOC 含量随土层深度增加而逐渐减小。CNF 和 SG 土壤有机碳的变化范围在 27.23～35.42g/kg 和 16.29～20.80g/kg 之间；各层土壤剖面差异不明显，CNF 在 20～30cm 土层剖面上 SOC 含量最高，SG 在 60～70cm 剖面上 SOC 含量最高。

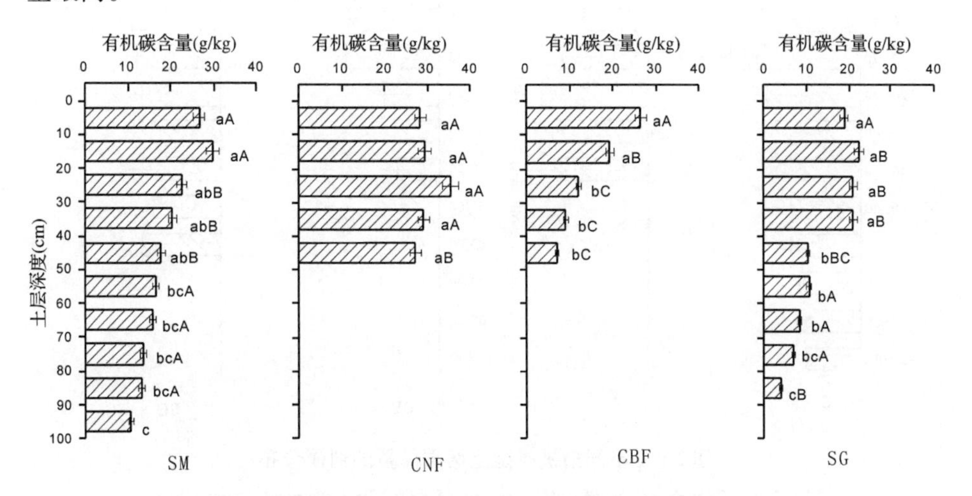

图 2-8　不同植被类型土壤有机碳的剖面分布

Fig. 2-8　Distribution of soil SOC in different vegetations

数字后不同大、小写字母分别表示不同植被类型同一土层和同一植被类型不同土层间在 $P<0.05$ 水平下差异性显著。

多重比较结果表明，0～10cm 土层 SOC 含量各植被类型间差异不显著；10～20cm 土层 SOC 含量 SM 最大，与 CNF 无显著差异，与 CBF 和 SG 差异显著；20～40cm 土层 SOC 含量 SM 和 SG 接近，显著高于 CBF，而低于 CNF。40～50cm 土层 CNF 的 SOC 含量仍处于较高水平，达到 27.227g/kg，显著高于其他植被类型。50cm 以下剖面各层 SOC 含量各植被类型间基本无显著差异。

4.2 土壤有机碳储量剖面分布差异

SM 土壤有机碳储量在 10 ~ 20cm 土壤剖面上最大为 3.44kg/m^2，其次为 0 ~ 10cm 土层有机碳储量为 2.82kg/m^2，土层 20cm 以下表现为随土层深度的增加，土壤碳储量逐渐减少的变化趋势(图 2-9)。CBF 表现相似的变化规律，10 ~ 20cm 土壤剖面有机碳储量达到最大(2.41kg/m^2)，其次为 0 ~ 10cm 土层(2.34kg/m^2)。SM 有机碳储量 20 ~ 30cm 剖面上最大为 2.80kg/m^2，土壤表层(0 ~ 10cm)有机碳储量最小为 1.71kg/m^2；其余土层差异不明显。SG 土壤有机碳储量的土壤剖面变化特征不明显，变化的范围为 1.77 ~ 2.31kg/m^2。

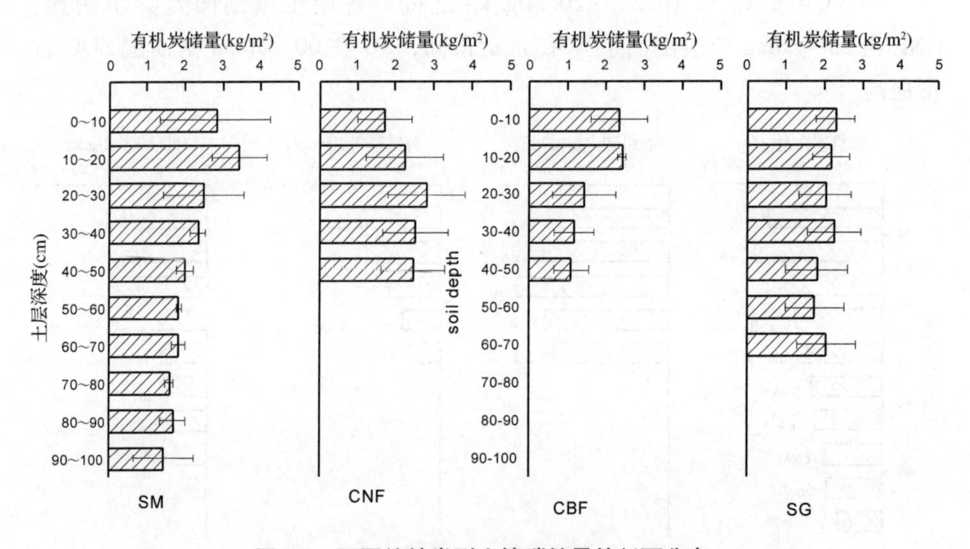

图 2-9 不同植被类型土壤碳储量的剖面分布

Fig. 2-9 Distribution of soil storage of SOC in different vegetations

5 土壤 C/N 的剖面分布特征

土壤碳氮比通常被认为是土壤氮素矿化能力的标志。土壤有机层的 C/N 比较低表明有机质具有较快的矿化作用，所以使得土壤有机层的有效氮含量也较高。由图 2-10 分析表明，四种典型植被类型下土壤 C/N 均在土壤表层(0 ~ 10cm)最小。SM 土壤 C/N 的变化范围为 7.87 ~ 10.08，最大值出现在 90 ~ 100cm 土层剖面。CNF 土壤 C/N 最大值在 20 ~ 30cm 土层剖面上，变化范围为 9.05 ~ 12.78。CBF 土壤 C/N 的变化范围为 12.77 ~ 18.08，其中 10 ~ 20cm 土层剖面土壤 C/N 值最高。SG 土壤 C/N 表现为随土层深度的增加而增加的趋势，变化范围为10.70～16.23。土壤C/N在不同植被类型下表现顺序为：CBF > SG > CNF > SM。

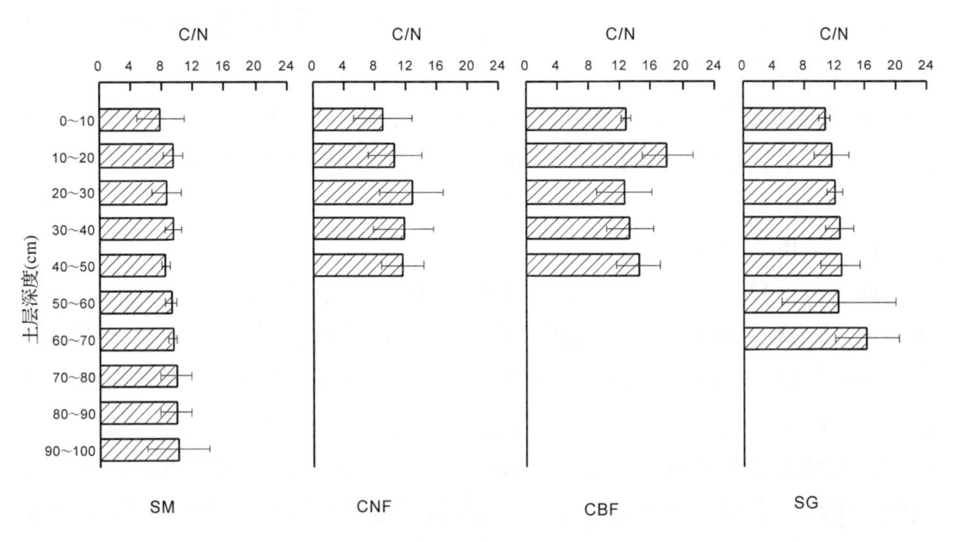

图2-10　不同植被类型土壤C/N的剖面分布

Fig. 2-10　Distribution of soil C/N in different vegetations

6　讨　论

6.1　不同植被类型下土壤有机碳含量剖面分布特征形成机制探讨

因土壤有机碳在全球碳循环中的重要性，土壤0～100cm深度范围内，尤其是上层20cm、30cm和50cm深度的有机碳垂直分布及其影响因素近来吸引了许多研究人员的关注(Jobbágy & Jackson，2000；Wang *et al.*，2004；Wang *et al.*，2010；向成华，2010)。Jobbágy & Jackson(2000)利用三个全球数据库的数据分析了2700多个土壤剖面，发现不同植被类型SOC在土壤剖面上垂直分布显著不同，因此认为植被类型可能是影响SOC垂直分布格局的主要因素，Wang等(2004)也得出了同样结论，其形成机理可能与不同植被光合产物的分配模式有关，光合产物分配模式的差异影响以凋落物形式输入的碳在SOC输入中的相对数量(Batjes & Dijkshoorn，1999)。

本研究中，山西芦芽山沿海拔梯度分布的四种植被类型的土壤SOC含量的垂直剖面分布具有各自的典型特征。森林生态系统土壤SOC输入以地上凋落物为主，土壤形成了明显的有机质层，样地调查表明寒温性针叶林下有30～50cm左右的腐殖质层，而针阔混交林下仅有10～20cm的腐殖质层，这一层次含有 SOC 的大部分。草地光合产物主要分配于地下部分，根系是 SOC 输入的主要形式，这可能是草地 SOC 在土壤各剖面层分布较为均匀的原因(Peterson & Neill，2003)。由农田撂荒后形成的灌丛草地由于年限较短，植被稀疏，根系较浅，根生物量较低，尤其是深层土壤中植物的根系更少，因此表层 SOC 含量较高，而 40cm 以下 SOC 含量急剧下降。根系的垂直分布(如深根系、浅根系)直接影响输入到土壤剖面各个层次的 SOC 数量(Wang *et al.*，2005)。因此，草本、木本植被类型根系分布格局的差异是影响 SOC 垂直分布格局的一个重要因素。

此外，与草地相比，森林植被凋落物品质较低(Jobbágy & Jackson，2000)，寒温性针叶林分布于海拔较高处，冷湿的气候环境导致地表凋落物的分解速率较低，造成 SOC 在表层土壤积累(李志安等，2004)。森林植被凋落物阔叶树叶 C/N 比低于针叶，两者混合可加速针叶树落叶的分解，加之针阔混交林土壤表层有机碳更易损失(Wang *et al.*，2005)，下层积累少，加之较高的土壤容重不利于植物根系生长，因此针阔混交林 SOC 集中分布在0～20cm 土层，20cm 以下 SOC 含量急剧下降。而长期耕作过程中耕作措施对土壤的混合和有机物料的投入，可能是撂荒形成的灌丛草地 0～40cm 层 SOC 含量较高且分布均匀的主要原因。

6.2 有机碳含量与土壤理化因子的相关性

在自然条件下，影响土壤有机碳分布的主要因素为气候、植被、土壤母质及土壤质地(王淑平等，2003)。由表 2-2 可知，土壤剖面各层有机碳含量与容重显著负相关，与土壤含水量显著正相关，与全氮含量显著正相关，与土壤 pH 值为弱负相关，而与黏粒和粉粒含量仅在 30～40cm 和 40～50cm 两个层次表现出显著正相关性。在此基础上，基于逐步回归分析进一步考察不同植被类型土壤有机碳与土壤理化性质的相关性(表 2-3)，结果表明亚高山草甸土壤 SOC 含量与土壤总氮含量、含水量和容重显著相关，寒温性针叶林 SOC 含量与全氮含量显著相关，针阔混交林土壤 SOC 含量则与总氮含量和土壤容重显著相关，而灌丛草地则 SOC 含量与容重显著相关。

土壤中有机质输入量在很大程度上取决于气候条件、土壤水分状况与养分有效性、植被生长及人为扰动等因素，而有机物质的分解速率则依赖于有机物质的化学组成、土壤水热状况及物理化学等因素(周莉等，2005)。土壤容重直接影响土壤通气性和孔隙度、根系穿透阻力以及根系的生长和发育(黄昌勇，2000)。本研究的结果显示土壤 SOC 含量与容重显著负相关，这与张鹏等在祁连山获得研究结论相一致(张鹏等，2009)，与20cm以下土壤容重呈极显著负相关性。其原因可能在于高容重土壤条件下，土壤碳的矿化和氮的硝化被抑制(Neve & Hofman，2000)。王淑萍等(2003)对中国东北样带土壤活性有机碳的研究表明，活性有机碳与容重显著正相关，这表明容重对土壤有机碳库不同组分具有不同的效应，其内在机制如何有待于进一步探讨。

表2-2　不同深度土壤有机碳含量与土壤理化性质的相关性

Tab. 2-2 The statistic character and association of SOC content with soil properties by depth interval

土层(cm)	SOC含量(g/kg)	标准差	相关性分析					
			容重	含水量	pH	全氮	黏粒含量	粉粒含量
0~10	27.598	10.067	-0.289	0.684**	-0.377	0.606**	0.382	-0.227
10~20	24.305	10.062	-0.502*	0.508*	-0.199	0.711**	-0.055	0.375
20~30	24.453	13.663	-0.806**	0.791*	-0.276	0.763**	0.335	0.403
30~40	22.708	10.241	-0.800**	0.657*	-0.239	0.612**	0.509*	0.671**
40~50	20.213	10.700	-0.779**	0.857**	-0.264	0.840**	0.500*	0.562*
50~60	17.323	7.397	-0.741**	0.661*	-0.025	0.461	0.117	0.084
60~70	17.527	8.991	-0.714*	0.670*	-0.373	0.863**	0.224	0.411
70~80	15.045	12.358	-0.863**	0.943**	-0.572	0.928**	0.586	0.203
80~90	12.517	6.032	-0.616*	0.925**	-0.795*	0.786*	0.729	-0.047

*. Correlation is significant at the 0.05 level (2-tailed), **. Correlation is significant at the 0.01 level (2-tailed).

表2-3　不同植被类型土壤有机碳与土壤理化性质的相关性

Tab. 2-3　Relationships between soil organic and soil properties

植被类型	回归关系	复相关系数 R	显著性检验 *P*
亚高山草甸 SM	SOC = -30.106 + 7.457TN + 0.804WC + 13.245BD	0.946	<0.001
寒温性针叶林 CNF	SOC = 11.124 + 6.612TN	0.608	<0.001
针阔混交林 CBF	SOC = 20.394 + 8.592TN - 11.314BD	0.926	<0.001
灌丛草地 SG	SOC = 49.686 - 26.784BD	-0.721	<0.001

注：TN指土壤全氧，WC指土壤含水量。BD指土壤容重。

土壤湿度是影响土壤有机碳库的重要因子，本研究的结果显示0~90cm各层土壤有机碳含量与土壤含水量显著正相关，这与同类研究结果相同(王淑平等，2003)，也与在大尺度上获得的土壤SOC含量与降雨量正相关的研究结论相一致(Jobbágy & Jackson，2000；解宪丽等，2004；Wang *et al.*，2005)。但也有研究认为随土壤湿度降低，根呼吸下降，有利于SOC的积累，同时土壤湿度降低也有利于生物量向地下分配，因此碳库将增加(Gansert，1994)。土壤水分含量的高低对土壤孔隙的通透性、植物根系和微生物活动有很大影响(黄昌勇，2000)，有研究表明如果所观测到的水分的变化不足以影响微生物与植物根系的活动，则难以明确水分对土壤呼吸的影响(陈全胜等，2003)。因此，我们认为土壤SOC含量与土壤水分含量的关系需要界定在一定范围来研究，所取得研究结论才具有普遍意义。

一般认为，土壤SOC随粉粒和黏粒含量的增加而增加，这主要反映在粉粒对土壤水分有效性、植被生长的正效应及黏粒对土壤SOC的保护作用(向成华等，2010；周莉等，2005)，土壤SOC矿化潜力与土壤黏粒和粉粒含量极显著正相关(李顺姬等，2010)。Batjes和Dijkshoor(1999)的研究则显示，降水和气候可以很好地预测土壤表层20cm内SOC库，但是在土壤深层，SOC则与黏粒含量关系更为密切，这可能与稳定性SOC增加有关。本研究中，SOC含量与黏粒和粉粒的含量仅在土壤剖面30~50cm层显著正相关，在其他剖面层次其正相关性未达到显著水平，本研究结果进一步支持了Batjes等人的研究结论。本研究中50cm以下各层土壤SOC与黏粒含量相关性不显著的原因可能是样本量较小($n=7$)。

本研究中，不同类型植被各剖面层土壤SOC与土壤全氮均为极显著正相关性(表2-2)。碳氮循环通过生产和分解紧密联系，以往研究表明，土壤N主要以有机氮的形式存在于有机质中，较低的矿质态有效氮和较高的C/N使得土壤SOC的矿化速率下降(Wang *et al.*，2005；李顺姬等，2010；姜勇等，2005)，导致土壤中SOC积累量较高。土壤微生物的活性要求一定的酸度范围，土壤pH过高(>8.5)或过低(<5.5)都会抑制微生物的活动，使SOC分解速率下降(张鹏等，2009)，本研究中pH值均在6.2~7.9之间，SOC含量与pH值表现为弱负相关性。

回归分析结果表明，不同植被类型下土壤SOC含量与土壤因子的相关性差异较大。位于较高海拔处阳坡的亚高山草甸(表2-2)，光合产物主要分配于地下部分，根系是SOC输入的主要形式，根系周转和根系分泌物来源的C可以直接输入土壤不同剖面层，土壤含水量和容重对植被根系生长、土壤通气性、微生物活性具有显著影响，因此与SOC含量显著正相关。森林生态系统土壤SOC输入以地上凋落物为主，土壤形成了明显的有机质层，含有SOC的大部分(Jobbágy & Jackson，2000)。寒温性针叶林下土壤腐殖质层深厚，土壤湿度大，因此SOC含量与全氮显著相关。而针阔混交林大量的根系聚集在土壤表层，腐殖质层较薄(＜10cm)，SOC淋溶对针叶林土壤C在不同土层的分配起着重要作用(Garten *et al.*，1999)，研究样地中土壤20cm以下容重高，黏粒含量低，土壤容重和粒径分布影响着土壤水分、空气的运行和存在状态，进而影响土壤中物质和能量的迁移转化(黄昌勇，2000)，因此SOC含量与全氮和容重显著相关。灌丛草地SOC含量仅与土壤容重显著负相关，撂荒地SOC的截获主要取决于植物根系的长度和生物量(姜勇等，2005)，而土壤容重对于土壤孔隙度与孔隙大小、分配、根系穿透阻力以及土壤水、肥、气、热等变化具有显著作用，深刻影响土壤微生物学特征及植物生长所需要养分的生物有效性(黄昌勇，2000)。

6.3　不同植被类型土壤有机碳储量变化

土壤碳贮量受植被类型、气候(温度和降水)、母岩、土壤理化生物学性质(土壤结构、质地、温度、湿度)等的综合影响。由表2-2可知，SOC含量与土壤含水率、容重、N含量、黏粒含量显著相关。在成土母质、气候条件和植被类型没有发生根本性的改变下，林分结构状况、光温、水、土壤结构和生物活动的差异往往是使土壤性质发生变异的主要因素(Mallarino，1996)。芦芽山是山西省重要的夏季牧场，不合理的放牧方式造成草甸不同程度的退化，牲畜的啃食、践踏及排泄等行为不但直接干扰草甸土壤环境，还会造成植物群落结构发生改变，从而间接影响土壤SOC的垂直分布格局。对新疆天山中段巴音布鲁克亚高山草甸碳含量及其垂直分布的研究表明，0～20cm土层SOC密度占0～100cm土壤SOC密度的49%(安尼瓦尔·买买提等，2006)，本研究的结果为29.2%。放牧干扰可能是产生较大差异的主要原因。五台山亚高山草甸从轻度干扰至重度干扰，土壤表层有机质含量逐渐降低(江源等，2010)。因此应重视对芦芽山草地的保护，严格控制放牧和旅游开发活动强度，降低浅层土壤SOC发生变化的可能性，维护土壤碳库的稳定性。

本试验结果基本反映出了沿海拔梯度分布的不同植被类型SOC剖面分布及其与土壤理化因子的关系。另外，本研究结果对于区域土壤SOC储量的估算是有效的补充，有助于提高估值的精度。本研究只做了不同植被类型土壤SOC剖面特征及其与土壤理化特性相关性分析及SOC储量的调查，由于缺乏研究地区不同海拔高度上温度和降雨量数据实测资料，未能对土壤SOC与气候因子的相关性进行分析，也未进行凋落物和根系生物量调查分析，因此难以准确评价各因子在土壤SOC库形成机制中的作用。今后可在水平样带或垂直样带上，采用相邻样地法比较研究不同植被类型对 SOC 动态的影响机制，包括不同植被类型对土壤性质及气候因子的改变作用，不同植被类型凋落物的量/质量及年变化动态，细根的垂直分布与土壤 SOC 的关系，土壤碳库存、输入输出与土壤性质的相关关系。

7 结 论

芦芽山不同植被类型土壤 SOC 剖面分布特征表明，植被类型是土壤 SOC 垂直分布的主要影响因子。土壤理化特性对土壤 SOC 含量具有显著影响，土壤剖面各层 SOC 含量与容重显著负相关，与土壤含水量和全氮含量显著正相关，与土壤 pH 值为弱负相关，与深层黏粒和粉粒含量正相关。不同植被类型下土壤 SOC 含量与土壤容重、含水量和全氮含量的相关性存在显著差异。土壤 SOC 储量与海拔高度呈显著线性正相关。亚高山草甸、寒温性针叶林 50cm 深度内土壤 SOC 储量显著高于针阔叶混交林和灌丛草地。在 20cm 深度，四种植被土壤 SOC 密度差异不显著。

芦芽山山地土壤 SOC 剖面分布特征具有明显区域性特征。深入研究不同气候——植被带土壤剖面有机质深度分布的区域性特点并加以定量描述，对于深入了解不同植被类型 SOC 差异的机理，准确评价土壤 SOC 储量以及土壤碳循环模型研制均具有重要意义，且有助于提高土壤碳库管理水平。

第3章　芦芽山土壤有机碳和全氮沿海拔梯度变化规律研究

森林土壤是森林生态系统的重要组成部分，也是陆地生态系统最大的SOC库之一，在全球碳循环中扮演着源、汇、库的作用(解宪丽等，2004)。森林土壤的SOC储量约为787 PgC，约占全球土壤SOC储量的39%，大约为森林生态系统SOC库的2/3(Lal，2005)。研究土壤碳库的分布特征，对于准确估算土壤SOC储量，正确评价土壤在陆地生态系统碳循环、全碳循环及全球变化中的作用具有重要意义(孙维霞等，2004)。Jobbágy等研究认为，土壤SOC的绝对数量依赖于气候和土壤类型，且气候主要控制表层的SOC含量；SOC的垂直分布与植被类型关系密切，因此对于SOC在土壤剖面上的垂直分布的研究也是研究者关注的热点(Jobbágy & Jackson，2000；Elzein & Balesdent，1995)。C、N循环是两个紧密联系的生物过程，土壤C库与N库紧密相连；关于土壤碳氮比通常被认为是土壤氮素矿化能力的标志(Steltzer，2004；Gundersen *et al.*，1998)。土壤有机碳和氮的分布、转化及其对全球变化的响应与调控的研究对于正确理解碳、氮的生物地球化学循环及应对全球变化的响应策略的制定具有重要意义，成为近年来国际全球变化问题的核心研究内容之一。

海拔作为影响森林群落的结构和物种组成的要素之一，包含了多种环境因子的梯度效应，随着海拔变化，生态系统的气候、植被类型、土壤养分等要素均发生显著的变化(Garten *et al.*，1999；周焱等，2008)。国内有关祁连山、武夷山、贡嘎山随海拔梯度的土壤有机碳、氮含量的垂直分布已有报告(张鹏等，2009；徐侠等，2008；王琳等，2004)。但不同森林生态系统土壤有机碳库和全氮足够可信的实测数据比较缺乏，导致对于森林生态系统碳收支估算存在较多的不确定性。芦芽山国家自然保护区海拔高度差异大，植物垂直分布明显，植被类型在中国暖温带中部山地森林区具有很强的典型性，保存有大面积华北落叶松林和云杉林，是目前黄土高原森林生态系统保存最完好的地区之一，为研究不同植被类型下土壤有机碳库和氮的研究提供了理想的实验室(张金屯，1989)。目前对这一地区的研究报道主要有植被群落生态(张金屯，2005；张丽霞等，2001；武小钢，2005，2009)、旅游开发与植被环境关系(程占红等，2006)及课题组所做的不同植被类型下土壤有机碳剖面特征研究(武小钢等，2011)。而对于不同海拔梯度上典型植被类型土壤有机碳、全氮及C/N的分布特征的研究尚未报道。研究的结果对于科学认识不同生态系统类型的土壤有机碳和氮的分布规律，更加准确地估算土壤碳氮储量和模拟土壤碳氮循环过程提供基础研究数据。

1 研究方法

1.1 取样方法

从高海拔(2756.3m)到低海拔(1703.1m)区域内，海拔每下降约50m设置一个样带，共计21个样带，每个样带内取3个30m×30m重复样地。为了减少样地间的空间异质性，每个梯度上选择坡向、坡度、坡位及小地形类似的样地。调查对每个样带内的主要优势种种类、植被种类及盖度、枯枝落叶层厚度、乔木样带对林木进行每木检尺，测定其胸径、树高、郁闭度等。样地基本情况见表3-1。

在不同海拔梯度的21个样带中，每个样带设3个重复样地，每个样地内布设20个样点(采用“S”形布点)，用土钻($\Phi=5.0$cm)分层取样，样点土壤层次分别为0~10cm、10~25cm、25~40cm，把相同层次的土壤充分混合，按照四分法取样并重复3次。

土壤总有机碳采用重铬酸钾氧化—外加热法，全氮采用半微量凯氏定氮法(刘光崧等，1996)。

1.2 数据分析

土壤SOC、全氮含量(TN)和碳氮比(C/N)与海拔梯度的相关性分析用Pearson相关分析。图形用Origin Pro8.0软件制作。

表 3-1　研究样地基本情况

Tab. 3-1 General conditions of sample plots

样地编号	海拔 (m)	纬度	经度	植被类型	树高 (m)	胸径 (cm)	郁闭度 (%)	灌丛草本盖度 (%)	枯枝落叶层厚度 (cm)
Plot1	2756. 3	38°43′31. 480″	111°50′27. 313″	亚高山草甸	—	—	—	70	1
Plot2	2703. 1	38°43′18. 487″	111°50′43. 373″	亚高山草甸	—	—	—	80	1. 5
Plot3	2656. 8	38°43′32. 694″	111°52′7. 269″	云杉纯林	18. 7	22. 3	62	60	3
Plot4	2598. 4	38°43′48. 609″	111°52′15. 533″	云落混交林	17. 8	21. 4	54	40	3. 5
Plot5	2542. 3	38°43′44. 454″	111°52′29. 847″	亚高山草甸	—	—	—	80	0. 8
Plot6	2489. 7	38°43′46. 009″	111°52′32. 737″	云杉纯林	18. 6	22. 3	62	60	4. 0
Plot7	2435. 6	38°43′44. 732″	111°53′3. 074″	云落混交林	18. 8	21. 4	60	53	3. 5
Plot8	2387. 2	38°43′52. 695″	111°53′19. 310″	云杉纯林	16. 5	11. 2	50	50	4. 0
Plot9	2332. 6	38°74′117. 9″	111°89′22. 6. 8″	云杉纯林	17. 5	19. 8	40	85	3. 3
Plot10	2286. 3	38°74′157. 2″	111°89′939″	云杉纯林	25	21	35	80	3. 5
Plot11	2235. 4	38°74′5. 766″	111°89′5. 712″	落叶松纯林	25. 5	26. 9	30	40	3. 0
Plot12	2182. 1	38°45′117. 4″	111°54′961. 4″	云杉纯林	19. 2	23. 5	55	85	3. 0
Plot13	2116. 5	38°45′34. 034″	111°54′25. 121″	针阔混交林	18. 2	18. 5	50	60	4. 5
Plot14	2056. 1	38°45′57. 210″	111°54′35. 134″	针阔混交林	17	21. 1	6. 0	95	2. 5
Plot15	2002. 9	38°46′16. 135″	111°54′39. 431″	针阔混交林	11. 3	13. 8	5. 5	70	3. 0
Plot16	1955. 8	38°47′32. 824″	111°54′42. 464″	针阔混交林	8. 7	12. 3	40	50	4. 0
Plot17	1906. 1	38°47′3. 076″	111°54′23. 474″	云落混交林	12. 3	8. 6	60	50	2. 0
Plot18	1851	38°47′5. 131″	111°54′20. 374″	灌丛草地	—	—	—	65	0. 3
Plot19	1802. 3	38°47′45. 290″	111°54′27. 418″	灌丛草地	—	—	—	75	0. 3
Plot20	1754. 2	38°48′30. 505″	111°54′32. 839″	灌丛草地	—	—	—	89	0. 5
Plot21	1703. 1	38°48′56. 465″	111°54′6. 670″	灌丛草地	—	—	—	80	0. 5

注:云落混交林指云杉—落叶松混交林。

2　土壤有机碳含量沿海拔梯度分布规律

2.1　土壤有机碳含量特征

土壤有机碳含量的分析表明(图 3-1)，土壤表层(0 ~ 10cm)沿海拔梯度土壤有机碳含量的范围在 14. 83 ~ 52. 80g/kg。在海拔为 2056. 1m 的针阔混交林中土壤有机碳含量最高。海拔小于 2002. 9 m 下的土壤有机碳含量明显小于高海拔地区；其中海拔 1802. 3m 的草丛植被类型土壤有机碳含量最低。10 ~ 25cm 土层，沿海拔梯度，土壤有机碳的变化范围在 9. 30 ~ 52. 26g/kg，2598. 4m 云落混交林土壤有机碳含量最大，海拔 1754. 2m 的灌丛草地有机碳含量最小。25 ~ 40cm 土层土壤有机碳范围为 7. 04 ~ 48. 53g/kg，海拔 1906. 1m 的云落混交林有机碳含量最小，2182. 1m 云杉纯林土壤有机碳含量最大。较高海拔的亚高山草甸和寒温性针叶林土壤有机碳的含量较高，这主要是因为由草本植物组成的山地草甸，夏季生长旺盛，盖度较大，草本植物的根系生命周期短，每年死亡的根系都会给土壤追加大量的有机质，而且高海拔地区的低温和较大的降雨量有利于有机质的累积。海拔小于 2002. 9m 下针阔混交

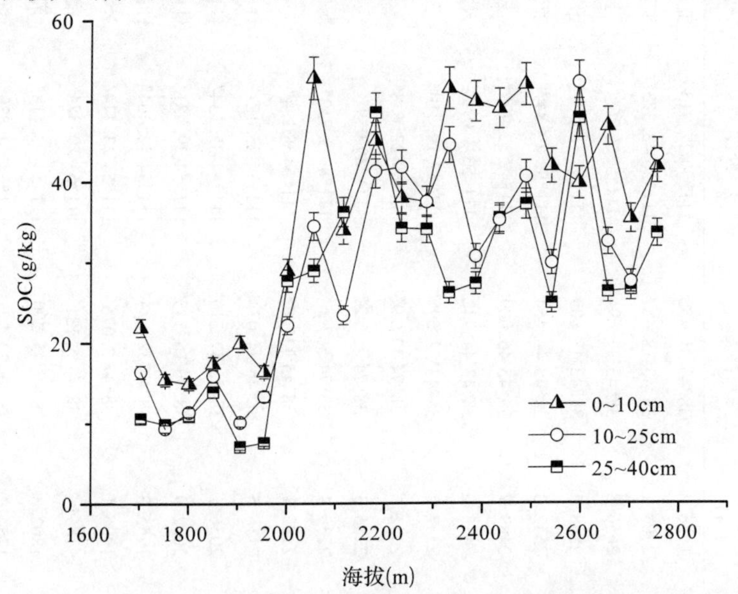

图 3-1　不同海拔和不同土层土壤有机碳含量变化

Fig. 3-1　The content of SOC in different elevation and soil layer

林及灌丛草地土壤有机碳的含量较低，分析其原因是与成土母质有关，低山地区的成土母质主要以花岗岩及黄土类为主，化学分化作用强，同时相对较高的温度和适宜的降雨量加速了有机质的分解，人为干扰在此区域也比较大，因此土壤有机质的积累较少，土壤有机碳含量较低。

土壤有机碳在不同土层的变化特征在大部分样地内均表现为，在土壤表层(0～10cm)土壤有机碳含量丰富。在海拔2756.3m、2598.4m和2235.4m则表现为10～25cm土层富含大量的有机碳。在海拔2387.2m、1906.1m和1754.2m土壤10～25cm土层有机碳含量的减少幅度较大，分别为表层的38.54%、49.34%和39.37%。

2.2　土壤有机碳与海拔之间的关系

随着海拔高度的变化，山地生态系统的气候、植被类型、土壤性质、土壤养分可利用性等要素均发生显著变化(Garten *et al.*，1999)，从而影响土壤有机碳的含量。本研究结果表明，在0～10cm土层，土壤有机碳含量与海拔之间呈显著线性相关(图3-2)，解释了土壤有机碳变化的52.7%的差异($y = -29.60 + 0.029x$)。10～25cm和25～40cm土层，土壤有机碳含量与海拔间也呈现显著线性相关，分别可以解释56.3%和46.4%土壤有机碳变化的差异($y = -35.93 + 0.029x$，$y = -41.95 + 0.028x$)。

对芦芽山垂直带(1703.1～2756.3m)土壤有机碳和全氮含量的分布特征进行研究，结果表明，土壤有机碳和全氮含量随海拔高度的增加而增加，二者关系可用线性方程拟合。这个研究结果与武夷山(310～2100m)、祁连山(2400～3420m)及贡嘎山(1700～3900m)不同山地森林生态系统研究结果一致(张鹏等，2009；徐侠等，2008；王琳等，2004)。而三江源地区主要草地类型土壤碳氮含量沿海拔变化的特征研究表明，高海拔(5120m)和低海拔(4176m)较高，而中间海拔呈较低的"V"字形变化趋势(王长庭等，2010)。造成这种不同变化趋势的原因主要是，在不同的气候条件和人类活动干扰下，土壤有机碳含量存在着很大的差异，土壤有机碳储量主要取决于土壤中的植物残体量以及土壤微生物作用下分解损失量的平衡(齐玉春等，2003)。

云杉林土壤表层的有机碳含量最高值为52.80g/kg(5.28%)，青海云杉林土壤表层有机碳含量最高值11.67%，青藏高原东部贡嘎山暗针叶林15.31%，相比而言芦芽山针叶林较祁连山针叶林及贡嘎山暗针叶林土壤有机碳含量明显偏低，这可能是不同区域针叶林的生产力差异导致(张鹏等，2009；徐侠等，2008；王琳等，2004)。

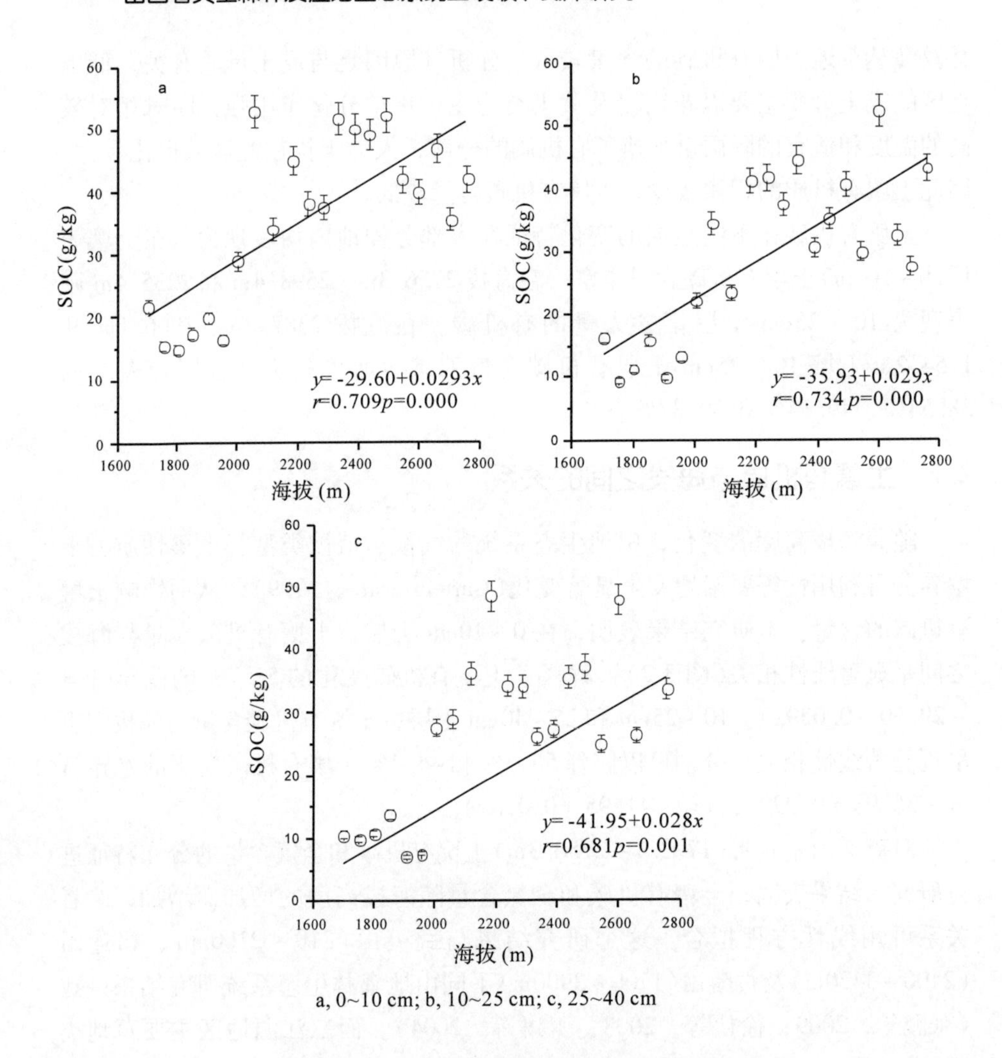

a, 0~10 cm; b, 10~25 cm; c, 25~40 cm

图 3-2　不同土层土壤有机碳与海拔的关系

Fig. 3-2 Relationship between SOC and elevation at different soil layer

对土壤垂直层次上有机碳和全氮含量分析表明，表层(0～10cm)有机碳和全氮含量高于亚表层(10～25cm)和底层(25～40cm)。与徐秋芳等(2003)研究结论基本一致(同一海拔随着土层的加深，有机碳含量显著降低)。这主要是因为植被土壤中的有机碳主要来自于地表森林枯枝落叶层的分解补充与累积，下层土壤受地表凋落物影响小，生物活性弱(李凌浩，1998)。而土壤不同层次中有机质含量的多少是影响土壤氮矿化的主要因素，随着土层深度的增加，土壤透气性和有机质含量不断变化，土壤透气性逐渐降低，可供降解的有机质也越来越少，微生物数量迅速下降，氮矿化随之下降，这是造成土壤下层全氮含量减少的主要原因(蔡春轶和黄建辉，2006)。

3　土壤全氮含量沿海拔梯度分布规律

3.1　土壤全氮含量特征

通过对土壤全氮含量随海拔梯度变化的分析表明(图3-3)，土壤表层(0～10cm)沿海拔梯度土壤全氮含量的范围在1.35～4.69g/kg之间。在海拔为2756.3m的亚高山草甸土壤全氮含量最高。10～25cm、25～40cm土层全氮含量的变化范围在0.89～4.14g/kg和0.91～3.43g/kg之间。土壤全氮含量在不同土层的变化有明显的规律性，随土层深度的增加土壤全氮含量减小。

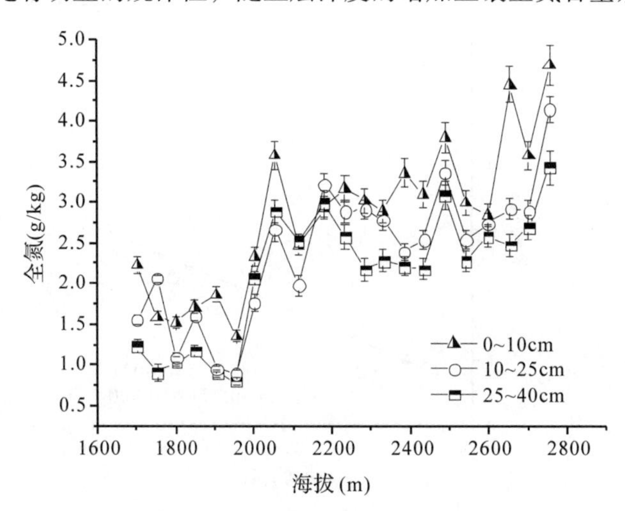

图3-3　不同海拔和不同土层土壤全氮含量变化

Fig. 3-3　The content of total nitrogen in different elevation and soil layer

3.2　土壤全氮与海拔之间的关系

在相同土层中，土壤全氮含量随海拔梯度变化均表现为随海拔梯度的增加全氮含量增加的变化趋势(图3-4)。在土壤0～10cm土层，土壤全氮含量与海拔之间呈显著线性相关，解释了土壤全氮变化70.7%的差异($y = -2.41 + 0.002x$)。土壤10～25cm和25～40cm土层，土壤有机碳含量与海拔间也呈现显著线性相关，分别可以解释61.5%和59.4%土壤有机碳变化的差异($y = -2.99 + 0.002x$，$y = -2.85 + 0.002x$)。

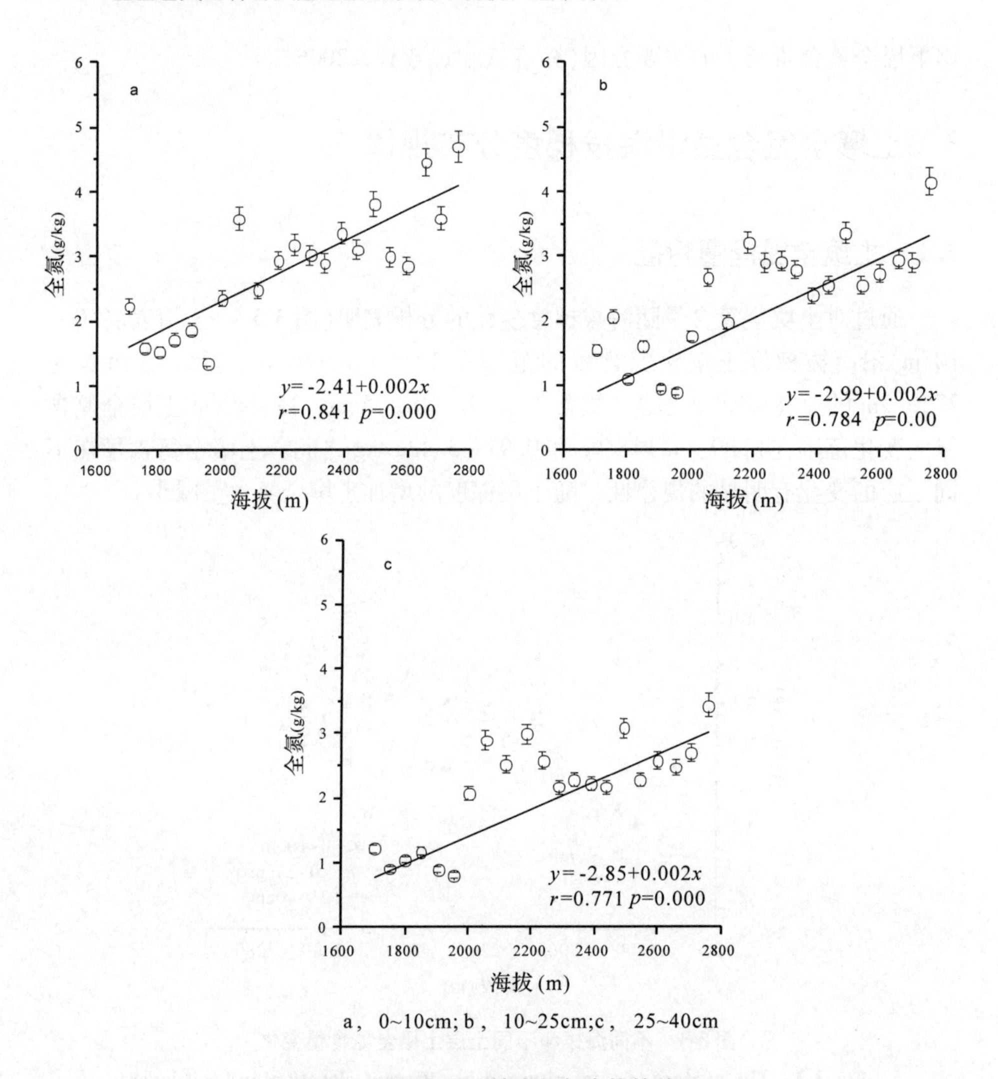

a，0~10cm; b，10~25cm; c，25~40cm

图 3-4 不同土层土壤全氮与海拔的关系

Fig. 3-4 Relationship between soil total nitrogen and elevation at different soil layer

4 土壤 C/N 含量随海拔梯度分布规律

4.1 土壤 C/N 含量特征

通过对土壤 C/N 随海拔梯度变化的分析表明(图 3-5)，土壤表层(0 ~ 10cm)沿海拔梯度土壤 C/N 的范围在 8.93 ~ 17.83 之间；在海拔为 2332.6m 的寒温性针叶林 C/N 最高，海拔最高(2756.3m)的亚高山草甸 C/N 最低；沿海拔梯度表现呈"Λ"型的变化趋势。10～25cm 土层沿海拔梯度土壤 C/N 的范围在 4.51 ～ 19.14 之间，海拔为 2542.3m 的寒温性针叶林 C/N 最高，1754.2m 的灌丛草地 C/N 最低。25～40cm 土层土壤 C/N 的范围在 7.91～18.54 之间，在海拔为 2656.8m 的寒温性针叶林中 C/N 最高，海拔 1906.1m 的云落混交林中 C/N 最低。从变化范围的幅度比较，土壤中层(10～25cm) C/N 的变化幅度最大。

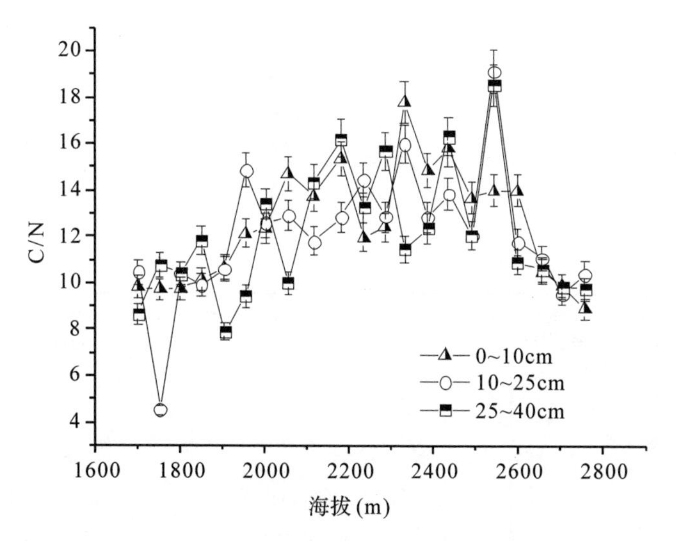

图 3-5　不同海拔和不同土层土壤 C/N 含量

Fig3-5 The content of soil C/N in different elevation and soil layer

4.2　土壤 C/N 与海拔之间的关系

土壤碳氮关系是目前全球气候变化研究中的热点问题，目前的研究主要集中于能否采取一定的措施提高土壤碳氮比，从而增加土壤有机碳的固定。气候条件、母质、土地利用方式等可能是影响土壤碳氮比的主要因素。海拔高度的变化引起环境因子的变化，尤其是温度的变化，进而影响到不同群落的 C/N 的变化。

曲线拟合的结果显示，海拔高度与土壤 C/N 的关系可以用高斯模型来表示(图 3-6)。公式(1)～(3)分别为 0～10cm、10～25cm 和 25～40cm 土层的海拔高度与土壤 C/N 的拟合模型，

$$y = 7.383 + 7.72\, e^{-0.5}\left(\frac{x - 2295.21}{325.32}\right)^2 \tag{1}$$

$$y = 61.393 + 75.43\, e^{-0.5}\left(\frac{x - 2216.12}{1470.44}\right)^2 \tag{2}$$

$$y = 8.867 + 5.574\,e^{-0.5\left(\frac{x-2346.18}{307.07}\right)^2} \tag{3}$$

海拔高度的变化能解释 10～25cm 层土壤 C/N 变化的 31.05%，而对于 25～40cm 土层海拔梯度的变化的解释率为 23.37%。

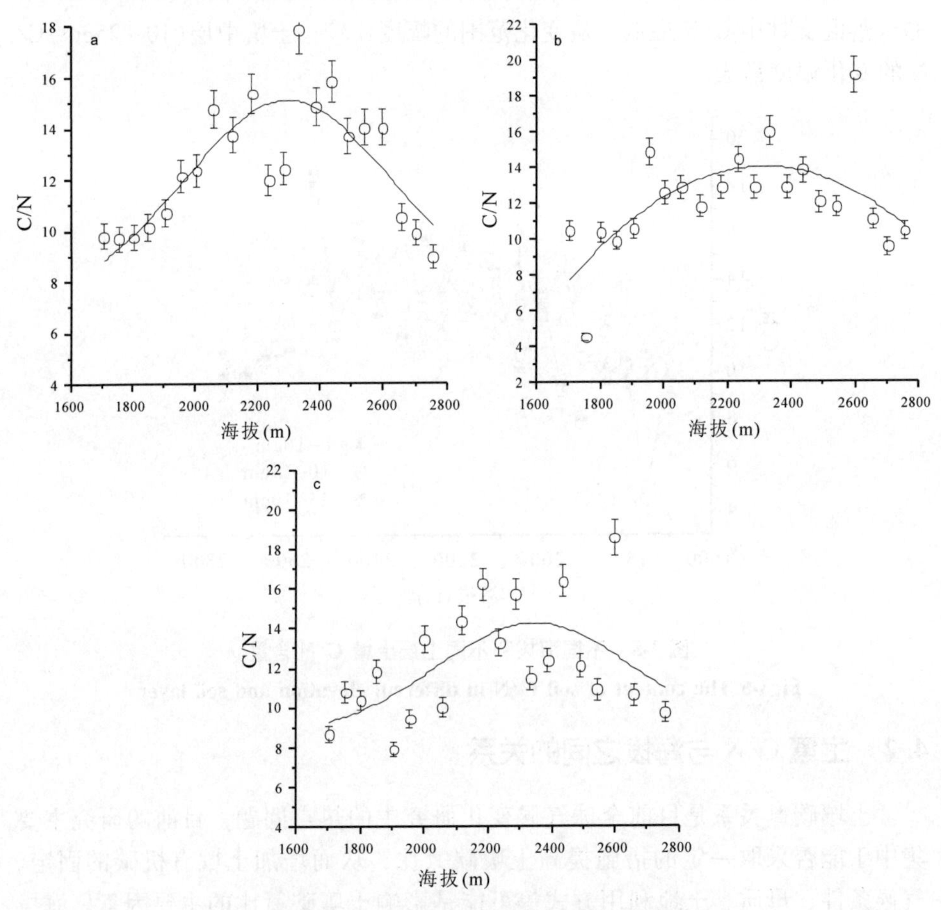

a note 0~10cm; b note 10~25cm;c note 25~40cm

图 3-6 不同土层土壤 C/N 与海拔的关系

Fig. 3-6 Relationship between soil C/N and elevation at different soil layer

大气 CO_2 浓度的上升可能导致陆地植被具有更高的碳固定速率和更高的 C/N，而陆地凋落物的 C/N 的变化反过来能改变矿化作用速率和碳吸收的可行性(Bosatta & Agren，1991)。由于碳氮储量确定中的误差导致 C/N 具有相当大的变异性(Batjes & Sombroek，2003)。根据土壤碳、氮储量计算，全球土壤 C/N 平均值为 13.33(Post & Kwon，2008)，中国土壤 C/N 平均值在 10∶1～

12:1 之间(黄昌勇，2000)。对芦芽山沿海拔梯度土壤表层(0 ~ 10cm)的 C/N 分析结果表明，土壤 C/N 介于 8.93 ~ 17.83 之间；土壤 C/N 在不同土层及不同海拔上的差异很大，通过方程拟合，符合高斯模型趋势。王琳等(2004)对贡嘎山东坡自然垂直带土壤有机质和氮素的垂直分布研究表明，土壤 C/N 介于 7 ~ 25，C/N 随海拔梯度升高而增加。祁连山北坡不同海拔土壤 C/N 为 7.8 ~ 20.4。较低的 C/N 有利于氮的矿化养分释放，通常认为土壤 C/N 在 (25 ~ 30):1 以下会出现净矿化，表明在芦芽山研究区域适合微生物的矿化，微生物在分解有机质的过程中是不受氮限制的，有利于分解过程中的养分释放。以上分析也表明，在不同的研究区域 C/N 值及与海拔梯度的关系都存在差异。土壤 C/N 存在相当大的变异性，利用碳储量与固定的 C/N 来计算氮储量会产生较大的不确定性。因此构建不同植被和土壤类型的 C/N 数据库，才能更加准确地估算土壤碳氮储量和模拟土壤碳氮循环过程。

第4章 土壤有机碳、全氮含量的小尺度空间异质性

生境的异质性，尤其是土壤要素在空间上呈现复杂的镶嵌性，与气候以及陆地植被和生物发生复杂的相互作用，从而使得分析土壤的空间分布格局成为异质性研究的一个重要领域(苏松锦等，2012；刘摇璐，2010；Pickett & Cadenasso，1995)。不同植被类型下土壤由于承接其凋落物和根系分泌物类型的不同及气候因子等的差异，因而形成的土壤碳、氮库状况存在差异(Xu *et al.*，2006；Conant *et al.*，2003；Peikun，2005)。以往的研究，多集中在陆地不同生态系统土壤碳、氮空间分布特征，及不同干扰和管理条件下土壤碳、氮特征(苏松锦等，2012；Conant *et al.*，2003；Hungate *et al.*，2003；白军红等，2003)。山地区域海拔高度的变化为研究生态系统过程的空间异质性提供了条件，沿海拔梯度土壤碳、氮变化特征的研究案例不断有报道(徐侠等，2008；张鹏等，2009；向成华等，2010)。海拔梯度上土壤属性空间异质性研究多在较大尺度上进行(张鹏等，2009；向成华等，2010；Wang *et al.*，2005)。空间异质性是一个依赖于尺度的生态学概念，生态系统特性在不同尺度域(domains of scale)上有着不同的变化速率，这种多尺度格局反映了生态系统的等级特征，指示着控制不同尺度格局的不同的生态学过程(陈玉福和董鸣，2003)。在等级关联的生态学系统中，小尺度上的空间异质性研究可以为大尺度上的生态学格局与过程提供机制方面的解释(杨秀云等，2011，2012)。

因此，本研究利用地统计学的理论和方法，分析比较了山西芦芽山不同海拔处分布的亚高山草甸和云杉林群落土壤有机碳和全氮的小尺度空间异质性特征，旨在了解暖温带中部山区地带性植被土壤碳、氮的等级结构特征，同时可以为不同尺度土壤的采样设置提供理论依据，并希望有助于理解海拔对植被群落结构和土壤碳、氮循环过程的影响，进而为不同植被类型的土壤碳汇管理技术研究提供基础数据，为亚高山草甸和云杉林的合理利用和保护提供科学理论依据。

1　研究方法

1.1　样地基本情况

依据海拔高度和植被类型选择不同海拔的亚高山草甸(A：2756.3m；B：2476.7m)两块样地和云杉林(C：2585.1m；D：2389.6m)两块样地。样地基本情况见表4-1，针叶林每木检尺测定样地内树木的胸径及位置，立木断面积分布如图4-1。

表4-1　研究样基本情况表

Tab. 4-1　General situation of research sites

样地	海拔(m)	经纬度	植被类型	树高(m)	胸径(cm)	郁闭度	灌丛草本盖度(%)	灌丛、草本层种类	枯枝落叶层厚度(cm)
A	2756.3	111°50′27.313″N 38°43′31.480″E	亚高山草甸	—	—	—	70	苔草(*Carex* spp.)、车前(*Plantagoasiatica*)、老鹳草(*Geranium wilfordii*)、马先蒿(*Pedecularis* sp.)、高山嵩草(*Kobresiapygmaea*)	1
B	2476.7	111°52′29.847″N 38°43′44.454″E	亚高山草甸	—	—	—	80	苔草、翼茎风毛菊(Saussurea sobarocephala)、高山蒲公英(*Taraxacummongolicum*)	0.8
C	2585.1	111°52′7.269″N 38°43′32.694″E	云杉纯林	18.7	22.3	0.86	60	毛茛(*Ranunculus japonicus* Thunb.)、苔草、老鹳草、蕨类(*Pteridophyta*)	4.0
D	2389.6	111°53′19.310″N 38°43′52.695″E	云杉纯林	16.5	11.2	0.51	50	苔草、卫矛(*Euonymus alatus*)、唐松草(*Thalictrum aquilegifolium* L. var. *sibiricum* Regel)、粗毛忍冬(*Lenicera hispida*)	3.0

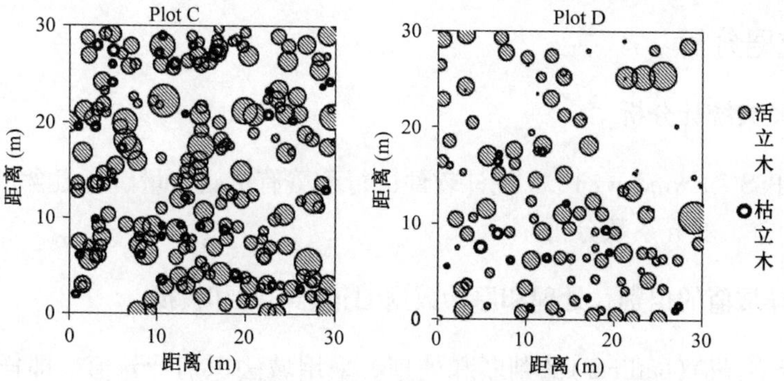

图4-1　样地立木断面积分布图

Fig. 4-1 The map of basal area distribution in plots

1.2 取样方法

样点布设依据地统计学理论和空间格局分析的小支撑、多样点的取样设计原则进行(Mou *et al.*，1997)。首先将样地(30m×30m)等距离划分为100个3m×3m的小样方。在大样方内选取45个样点进行取样。然后在样地对角线上的两个3m×3m样方内，分别设立100个小样方(0.3m×0.3m的间隔距离)，从中各选取37个小样方钻取土样。样点布设如图4-2所示。土壤取样用土钻法进行，取样时，先除去表层的枯枝落叶，然后在每个取样点(共计119个)钻取0～10cm表层土壤样品装入塑料袋内带回实验室分析测定。

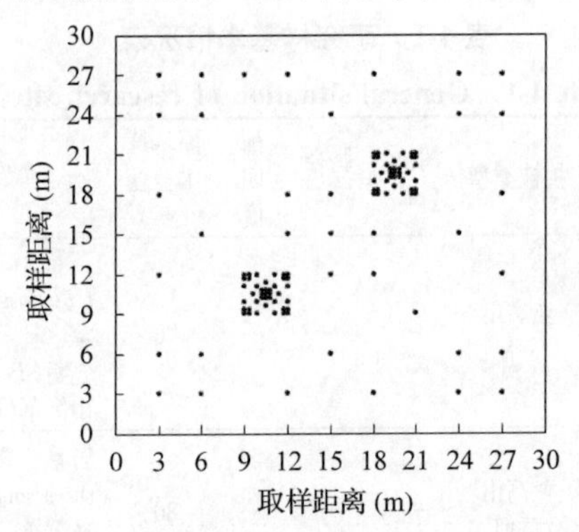

图4-2 空间取样设计(横纵坐标为样地边界)

Fig. 4-2 Spatial sampling design (*X* and *Y* are plot boundaries)

1.3 分析测试方法

土壤全氮的测定用半微量凯氏定氮法，土壤有机碳的测定采用重铬酸钾氧化—外加热法进行。秤取风干好的土壤样品进行分析测定，每个土样做3个重复，求其平均值作为土壤样品全氮及有机碳含量值。

1.4 数据分析

1.4.1 经典统计分析

用SPSS for windows 18.0统计软件进行土壤有机碳含量、全氮含量的平均数、标准差、变异系数分析。

1.4.2 异常值的识别、处理和原始数据的正态检验和转换

进行特异值(outliner)的判断和处理。采用域法识别特异值，即样本平均值($\tilde{a}$)加减3倍的标准差(s)，在区间($\tilde{a}\pm3s$)以外的数据为特异值，而后分别

用正常的最大值或最小值来代替。

采用柯尔莫哥洛夫 - 斯米诺夫[kolonogorov - semirnov($K-S$)]正态性检验方法检验所测数据的正态分布，符合正态分布的数据直接进行地统计学分析[$P(K-S)>0.05$]；对于不符合正态分布的数据，要经过对数转换(log - normal transform)或方根转换(square - root transform)后再进行地统计学分析。

1.4.3 土壤有机碳和全氮含量的半方差函数模型分析

地统计学分析用 GS + Win5.0 软件进行。半方差函数(semivariogram)用$r(h)$来表示，为区域化变量$Z(x_i)$和$Z(x_i+h)$增量平方的数学期望，即区域化变量的方差(王政权，1999)。其通式为：

$$r(h) = \frac{1}{2N(h)}\sum_{i=1}^{N(h)}[Z(x_i) - Z(x_i + h)]^2$$

式中，$r(h)$为变异；h 为步长，即为减少各样点组合对的空间距离个数而对其进行分类的样点空间间隔距离；$N(h)$为距离为 h 的点对的数量；$Z(x_i)$和$Z(x_i+h)$分别为变量 z 在空间位置 x_i 和 x_i+h 的取值。

地统计学中的变异与经典统计学中方差的根本差异在于变异考虑了空间尺度，即公式中的 h。把植被的某一特征作为依赖变量，则变异能够反映出统计意义上该变量在各个不同尺度的异质性。

最优模型的选择，首先考虑决定系数(R^2)和残差平方和(RSS)；残差平方和 RSS 是对回归模型进行显著性检验的重要参数，其取值愈小，说明实际观测值与回归线靠近，拟合曲线与实际配合愈好。

$$RSS = \sum_{i=1}^{n}[\gamma(h_i) - \hat{\gamma}(h_i)]^2$$

分析理论模型参数，基台值(Sill，C_0+C)表示变量的最大变异程度，它的值越大表示变量的异质性程度越高。而块金值 C_0是空间距离为零时的变异值，表示随机部分的空间变异性，较大的块金值表明较小的尺度上某种生态学过程不容忽视。空间结构比(spatially structure variance)$C/(C_0+C)$可度量空间自相关的变异所占的比例。块金值(Nugget，C_0)与基台值之比 $C_0/(C_0+C)$可用于估计随机因素在所研究的空间异质性中的相对重要性。

变程(Range，a)表示研究变量空间变异中空间自相关变异的尺度范围，在变程内，空间越靠近的点之间其相关性越大，距离大于变程的点之间不具备自相关性。

分维数(fractal dimension)可对不同变量之间的空间自相关强度进行比较，D 值越大表示格局变异中随机因素引起的异质性的比重越大，D 值越小，格局变异的空间依赖性越强。

$$2\gamma(h) = h^{4-2D}$$

2 土壤有机碳含量的空间变异性

2.1 土壤有机碳含量的描述性统计

对不同海拔高度的亚高山草甸和云杉林土壤表层(0～10 cm)有机碳含量的描述统计结果表明(表4-2)，样地A(海拔2756.3m)亚高山草甸土壤有机碳含量均值最高为49.84g/kg，样地B(海拔2542.3m)的草甸土壤有机碳含量最低(38.33g/kg)；不同海拔云杉林样地C(海拔2656.8m)和样地D(海拔2387.2m)云杉纯林土壤有机碳含量分别为47.06g/kg和40.67g/kg。从有机碳含量的均值比较分析，同一类型植被下，较高海拔的土壤有机碳含量高于较低海拔的土壤。从有机碳的变异分析，样地A土壤有机碳的波动范围23.76～67.31g/kg，最大值是最小值的2.83倍；变异系数为15.81%。样地B有机碳的波动范围21.01～60.84g/kg，最大值是最小值的2.89倍；变异系数(16.88%)大于样地A。样地C土壤有机碳的波动范围21.34～83.81g/kg，最大值是最小值的3.93倍；变异系数为28.62%。样地D波动范围17.03～92.39g/kg，变异系数(32.06%)大于样地C。以上结果表明，土壤有机碳的变异表现为云杉林有机碳的变异明显大于亚高山草甸，同一植被类型，较低海拔土壤有机碳变异高于较高海拔的变异。

表4-2 土壤有机碳含量的描述性统计结果

Table4-2 Statistics of SOC in the research area

样地 Plot	平均数 Mean	中位数 Median	标准差 Std. deviation	方差 Variance	变异系数 Cv (%)	最小值 Min	最大值 Max	偏度 Skewness	峰度 Kurtosis	$K-S$ 值 $K-S$ value
A	49.84	49.33	7.88	62.14	15.81	23.76	67.31	-0.11	0.63	2.35
B	38.33	38.38	6.47	41.83	16.88	21.01	60.84	0.46	2.09	1.8
C	47.06	44.88	13.47	171.34	28.62	21.34	83.81	0.62	-0.32	12.35
D	40.67	37.16	13.04	170.01	32.06	17.03	92.39	1.42	2.15	6.38

2.2 土壤有机碳含量的半方差函数分析

土壤有机碳含量变异函数理论模型拟合结果及参数见表4-3。亚高山草甸和云杉林土壤有机碳含量的各向同性半方差理论模型为球状模型。同一植被类型不同海拔土壤有机碳的半方差函数的基台值相比较，亚高山草甸样地B

(2542.3m，C_0+C =0.107)>样地A(2756.3m，C_0+C =0.046)；云杉林样地D(2387.2m，C_0+C =0.102)>样地C(2656.8m，C_0+C =0.089)，总体上表现为较低海拔的样地土壤有机碳含量的基台值较高，进一步论证了上述变异系数所反映的同一植被类型下较低海拔土壤有机碳含量的异质性较高的现象。

亚高山草甸样地A土壤有机碳的空间结构比$C/(C_0+C)$为0.524，表现为中等强度的空间自相关变异特征。样地B及云杉纯林样地C和样地D土壤有机碳含量表现为强烈的空间自相关性。亚高山草甸样地A和样地B空间自相关的范围为61.0m。云杉纯林样地C和样地D表现为小尺度的空间自相关变异(变程分别为6.87m，6.55m)。

表4-3　土壤有机碳含量变异函数理论模型参数

Tab. 4-3　Parameters of semivariogram for SOC

样地	变异模型	块金值(C_0)	基台值(C_0+C)	空间结构比[C/C_0+C]	变程(m)	分维数(D)	决定系数(R^2)	残差平方和(RSS)
A	Spherical	0.022	0.046	0.524	61	1.951	0.690	1.356E-04
B	Spherical	0.011	0.107	0.900	61	1.803	0.909	4.841E-04
C	Spherical	0.011	0.089	0.873	6.87	1.820	0.838	2.132E-03
D	Spherical	0.018	0.102	0.824	6.55	1.851	0.662	6.275E-03

用分维数D可对不同变量之间的空间自相关强度进行比较，本研究结果表明，土壤有机碳含量空间变异分维数值大小依次为样地A>样地D>样地C>样地B。进一步表明样地A空间变异中随机因素引起的异质性的比重大，而其他样地格局变异的空间依赖性强。

3　土壤全氮含量的空间异质性

3.1　土壤全氮含量的描述性统计

对不同海拔高度的亚高山草甸和云杉林土壤表层(0~10cm)全氮含量的描述统计结果表明(表4-4)，草甸土壤全氮含量高于云杉纯林；同一植被类型中，高海拔的样地高于低海拔样地。样地A(海拔2756.3m)土壤全氮含量均值为4.85g/kg，全氮含量的波动范围为2.89~10.10g/kg，最大值是最小值3.49倍；土壤全氮含量的变异系数为24.33%。样地B(海拔2542.3m)土壤全氮含量均值为3.76g/kg，全氮含量的波动范围为2.48~5.09g/kg，最大值是最小值2.05倍，土壤全氮含量的变异表现为低海拔(Cv=13.83%，样地B)小于高海拔。样地C(海拔2656.8m)云杉纯林土壤全氮量的均值为3.01g/kg，全氮含量的变化范围1.96～4.77g/kg，最大值为最小值的2.43倍；变异系数为33.22%。样地D(海拔2387.2m)云杉纯林土壤全氮量的均值为2.90g/kg，全氮含量的变化范围2.09～4.44g/kg。云杉纯林土壤全氮在不同海拔的变异与亚高山草甸相似，即较低海拔的土壤全氮含量的变异(Cv＝17.94%)小于较高海拔。分析表明森林土壤全氮含量的变异大于草甸土壤。

表4-4　土壤全氮含量的描述性统计结果

Tab. 4-4　Statistics of TN in the research area

样地	均数(g/kg)	中位数	标准差	方差	变异系数Cv(%)	最小值	最大值	偏度	峰度	*K－S*值
A	4.85	4.60	1.18	1.39	24.33	2.89	10.10	2.73	8.19	1.31
B	3.76	3.66	0.52	0.27	13.83	2.48	5.09	0.23	－0.11	3.56
C	3.01	3.00	0.54	0.29	33.22	1.96	4.77	0.58	0.50	8.67
D	2.90	2.81	0.52	0.27	17.94	2.09	4.44	1.02	0.66	5.32

3.2　土壤全氮含量的地统计学分析

小尺度下所研究的四块样地土壤全氮含量的空间变异均表现为球状模型的变化趋势(表4-5)。同一植被类型不同海拔土壤有机碳的半方差函数的基台值相比较，亚高山草甸样地A(2756.3m，$C_0+C=6.02$)和样地B(2542.3m，$C_0+C=1.041$)远大于云杉林样地C和D，表明亚高山草甸土壤全氮含量的异质性远远高于云杉林。而高海拔处的样地A土壤全氮含量的空间异质性也明显高于低海拔处的样地B。

所研究四个样地的空间结构比$C/(C_0+C)$值均大于75％，说明土壤全氮含量在四个样地种均表现出强的空间自相关性，其空间变异主要由结构性因素造成的。亚高山草甸植被的空间自相关性明显大于寒温性针叶林样地。亚高山草甸样地A和样地B空间自相关的范围分别为47.65m和61.0m。云杉林样地C和样地D表现为小尺度的空间变异(变程分别为7.87m，8.67m)。D值大小依次为样地C＞样地D＞样地B＞样地A。亚高山草甸样地A土壤全氮含量格局变异的空间依赖性较强

表4-5　土壤全氮含量变异函数理论模型参数

Tab. 4-5　Parameters of semivariogram for TN

样地	变异模型	块金值(C_0)	基台值(C_0+C)	空间结构比[$C/(C_0+C)$]	变程(m)	分维数(D)	决定系数(R^2)	残差平方和(RSS)
A	Spherical	0.010	6.029	0.998	47.65	1.571	0.909	3.610
B	Spherical	0.059	1.041	0.943	61	1.752	0.953	0.022
C	Spherical	0.007	0.033	0.768	7.87	1.846	0.729	4.478E－04
D	Spherical	0.007	0.041	0.836	8.67	1.812	0.779	6.257E－04

4　讨　论

不同海拔高度处两个亚高山草甸样地(A：2756.3m；B：2476.7m)和两个云杉林样地(C：2585.1m；D：2389.6m)土壤有机碳和全氮含量的空间变异表现出很大不同。单因素方差分析结果表明(表4-6)，样地A有机碳和全氮含量显著高于样地B($P<0.001$)；样地C和样地D土壤全氮含量差异不显著，而有机碳含量差异达极显著水平($P<0.001$)。大量研究表明，海拔作为环境因子的综合体现，通过对植被类型和植被生产力的制约直接影响输入土壤的有机物质量，通过土壤温度和水分等条件影响微生物对有机质的分解和转化(张鹏等，2009；向成华等，2010)。本研究中，样地A土壤含水量显著高于样地B，样地C土壤含水量显著高于样地D(表4-6)；不考虑微地形对小气候的影响，200～300 m的海拔落差会造成约1～2 ℃的气温差。因此，水热要素的差异是不同海拔高度土壤有机碳和全氮含量空间异质性产生的重要原因。

表4-6　土壤有机碳、全氮和含水量方差分析

Tab. 4-6　ANOVA for organic carbon, total nitrogen and moisture content of soils

土壤特性	统计变量	样地A	样地B	样地C	样地D
有机碳	观测数	119	119	119	119
	平均	49.842	38.328	47.059	40.673
	方差	62.1448	41.8295	181.3427	170.0079
	组间差异	F：151.733，P：0.0000		F：13.811，P：0.0002	
全氮	观测数	119	119	119	119
	平均	4.851	3.755	3.010	2.901
	方差	1.3913	0.2717	0.2913	0.2716
	组间差异	F：85.974，P：0.0000		F：2.540，P：0.112	
含水量	观测数	119	119	119	119
	平均	0.368	0.333	0.399	0.341
	方差	0.0006	0.0004	0.0027	0.0025
	组间差异	F：156.114，P：0.0000		F：77.265，P：0.0000	

比较小尺度上亚高山草甸样地和云杉林样地的空间异质性(表4-3，4-5)，可以发现同一植被类型下较低海拔土壤有机碳含量的异质性较高，其中随机性因素对样地A有机碳含量的空间变异影响较大。芦芽山是山西省重要的夏季牧场，样地A就位于林线以上亚高山草甸集中分布区(样地B则位于林缘空地)，牲畜的啃食、践踏及排泄等行为直接干扰草甸土壤环境，这成为样地A

土壤有机碳含量空间异质性降低及随机性变异比例增加的重要原因。对于云杉林样地，通过比较样地 C 和 D 的立木断面积分布图(图 4-1)不难看出，与样地 D 相比，样地 C 中林分密度大，立木空间分布较均一，较为一致的林下微环境可能是样地 C 土壤有机碳含量空间异质性较低的原因。植物群落的组成和群落中植物种群分布格局的改变制约着土壤组成的异质化过程，同时决定着土壤养分循环。

有机碳含量空间异质性相反，样地 A 的全氮含量表现为高异质性空间分布，且空间自相关性强。在生态系统的物质循环中，碳氮循环通过生产和分解紧密联系在一起。考察四个样地有机碳和全氮的相关性(图 4-3)可知，样地 B、C、D 均呈现极显著的正相关性，而样地 A 相关性不显著。进一步分析样

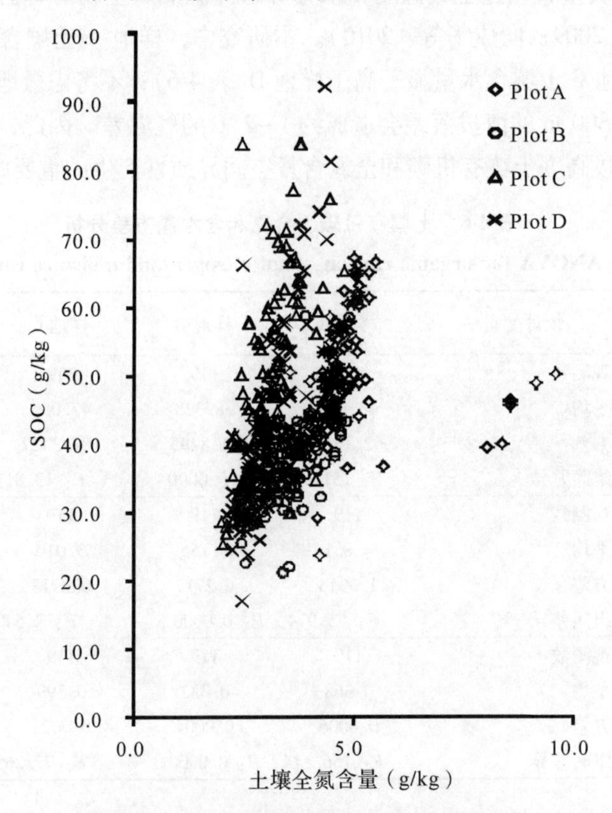

图 4-3　土壤有机碳和全氮含量相关性

Fig4-3　Correlations between SOC and total nitrogen

Plot A：$y = 0.0178x + 3.9646$ ($R^2 = 0.0141$，$P = 0.1977$)；PlotB：$y = 0.0561x + 1.6054$ ($R^2 = 0.4842$，$P = 0.000$)；PlotC：$y = 15.885x - 0.7586$ ($R^2 = 0.4053$，$P = 0.000$)；PlotD：$y = 20.748x - 19.511$ ($R^2 = 0.6878$，$P = 0.000$)

地A土壤含氮量数据，119个样点中有8个高含氮量的(>8.0)异常值，而平均值为4.85；如果去除这8个样点数据，土壤有机碳和全氮含量相关性达极显著水平。这与我们前面所取得的亚高山草甸和云杉林土壤有机碳含量和全氮含量极显著正相关的研究结论相一致(武小钢等，2011)。8个高含氮量样点的坐标为(3，3)、(3，6)、3，12)、(3，18)、(3，24)、(3，27)、(6，3)、(6，6)，由空间取样设计(图4-2)可知，这些样点在空间上呈连续带状分布，暗示着样地A存在一个氮源在地形和降雨的共同作用下迁移形成一条富氮带。

不同海拔高度，相同植被类型下土壤有机碳和全氮含量的小尺度空间异质性具有一定相似性。变异函数均呈球状模型(表4-3，表4-5)，空间自相关变异的尺度大小相似。亚高山草甸土壤有机碳和全氮含量表现为较大尺度的空间自相关，而云杉林则表现为较小尺度的空间自相关。土壤属性的空间分布是潜在的局地异质性的总和，它们受生物学和地质学等过程影响，使得区域化变量在空间分布上存在差异性，因而产生异质的土壤环境(Gallardo，2003)。研究结果反映出相同植被类型下，影响土壤有机质和全氮的生态过程在相同的尺度上起作用；植被类型发生变化，则生态过程的尺度依赖性将发生显著改变，而人为干扰如放牧将显著改变碳氮循环的生态过程，表现为空间变异的增大和空间自相关性的下降。

5 结　论

(1)亚高山草甸样地A(海拔2756.3m)和样地B(海拔2542.3m)土壤有机碳含量均值分别为49.84g/kg和38.33g/kg；云杉林样地C(海拔2656.8m)和样地D(海拔2387.2m)云杉纯林土壤有机碳含量分别为47.06g/kg和40.67g/kg。有机碳空间异质性总体上表现为，相同植被类型下较高海拔样地有机碳含量高，而较低海拔的样地土壤有机碳含量的异质性较高。亚高山草甸样地A和样地B空间自相关的范围为61.0m。云杉纯林样地C和样地D表现为小尺度的空间自相关变异(变程分别为6.87m，6.55m)。

(2)亚高山草甸样地A和样地B土壤全氮含量平均值为4.85g/kg和3.76g/kg，云杉样地C和样地D分别为3.01g/kg和2.90g/kg。高山草甸土壤全氮含量的异质性远远高于云杉林。土壤全氮含量在四个样地种均表现出强的空间自相关性，其空间变异主要由结构性因素造成。亚高山草甸样地和云杉林样地全氮含量空间变异的尺度与有机碳含量空间变异表现相似，分别为47.65m、61.0m和7.87m、8.67m。

第5章 长治湿地土壤有机碳、氮分布特征

1 研究区概况及研究方法

1.1 长治国家城市湿地公园自然概况

1.1.1 自然地理特点

本研究地点位于长治国家城市湿地公园内，湿地位于长治市主城区西北3km处，属南运河水系浊漳河南源(35°50′~37°08′N，113°01′~113°40′E)，湿地2007年经国家批准设立国家级湿地公园，湿地规划面积为58.72km^2。

该湿地是华北地区少有的野生动、植物自然繁育基地，有数百公顷成片的芦苇荡和200hm^{2}以上的湿地防护林，有野鸭、黑鹳等80多种鸟类长期栖息，湿地内有高等植物52科217种，浮游植物7门83种，鸟类16目40科162种，主要水生动物7纲25种，浮游动物58种。长治湿地是山西省面积最大和保存最好的湿地生态系统之一，基本上保持了原生湿地生态系统特征的区域，具有巨大的生态和研究价值。自然资源十分丰富，是山西省及华北地区湖泊、河流湿地的典型代表，属全国保护最完好的原生态天然沼泽湿地之一。是山西省唯一被国家建设部命名的国家城市湿地公园。目前这里已成为集林业生态示范、湿地综合保护、生态观光旅游为一体的国家城市湿地公园。

1.1.2 气 候

本区气候属于受季风影响和控制的暖温带大陆性季风气候，春季干燥少雨，夏季短暂多雨，秋季阴雨潮湿，冬季寒冷干燥。年均温9.5℃，年降水量621.1mm多于全省的平均降水量，属于半湿润地区，主要集中于夏季6~9月，平均海拔1000m。≥0℃年平均积温大概3000℃，无霜期大概有155d。

1.1.3 土 壤

受地质、地貌、气候、生物及人为活动的影响，土壤主要被第四纪红土

和黄土覆盖，地表土壤侵蚀为中等程度，土壤质地较黏重，偏碱性土壤。

1.1.4 植　被

长治湿地独特的地理和气候条件，孕育了极其丰富的植物资源。有记载，本区有维管植物233种，隶属48科169属，其中，蕨类植物1科1属2种，双子叶植物37科123属168种，单子叶植物10科45属63种。

浊漳河湿地植被类型较丰富，主要有芦苇(*Phragmites communis*)群落、小香蒲(*Typha minima*)群落、泽泻(*Alisma orietalecsam*)群落、藨草(*Scirpus-triqueter*)群落、水莎草(*Juncellus serotinus*)群落、球穗莎草(*Cyperus difformis*)群落、异型莎草(*Cyperus difformis*)群落、稗(*Echinochloa colonum*)群落、水蓼(*Polygonum hydropiper*)群落、酸模叶蓼(*Polygonum lapathifolium*)群落等。

本研究主要通过资料收集、野外调查和土样采集、室内实验、实验数据分析四者相结合来完成。

1.2 研究方法

1.2.1 野外采样

在全面考察长治湿地公园的基础上，于2012年7月在湿地中部和西部区域选择人类活动干扰较少的地区(图5-1)，采取样带—样方法，选择15条样带，分别命名为1#样带、2#样带、3#样带、4#样带、5#样带直到15#样带(图5-2)。每条样带上选取10个样点，样点间隔依次为1m，2m，2m，2m，4m，4 m，8m，8m，10m。

根据远离水域的距离，沿湿度梯度(远离水域的方向)设三个区(图5-2)，离水域20~35m的区间为近水区，即水位变幅区——近水区(土壤含水量SWC=58%)；离水域35~50m的区间为中水区，即水位过渡区——中水区(土壤含水量SWC=52%)；离水域50~65m的区间为远水区，即陆相辐射区——远水区(土壤含水量SWC=40%)，每个实验区面积为45m×1m，区内设置3个重复的实验样方(0.5m×0.5m)，区与区相邻。现场调查每个样方中各植物物种数、各植物盖度、平均高度和平均盖度，并取土壤表层(0~30cm)混合样品(多点混合取样法)，分别用自封袋密封后带回实验室测定。样地基本情况调查表见表2-1。

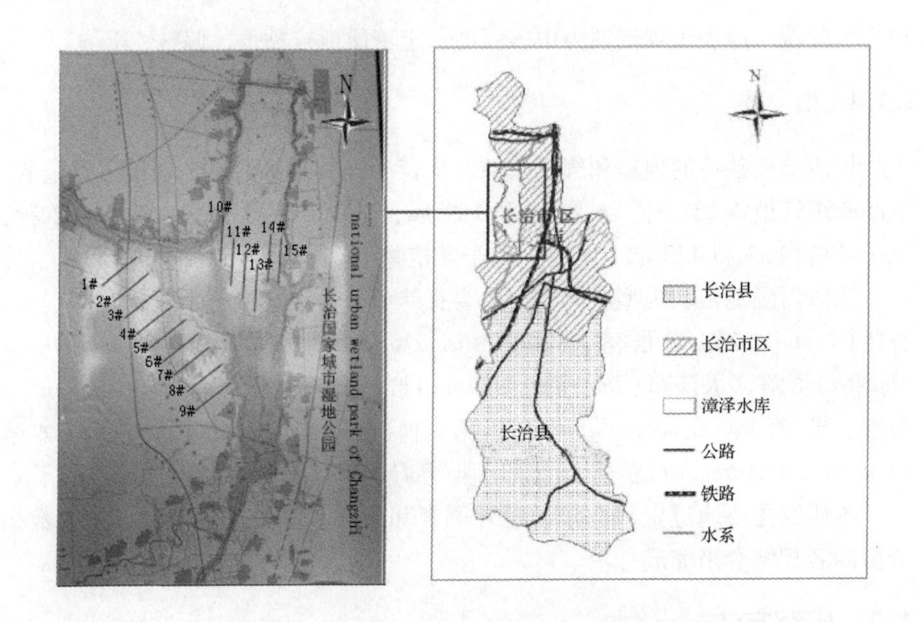

图 5-1　长治湿地的地理位置及采样点布置

Fig. 5-1 The geographic location and transect layout of Changzhi wetland

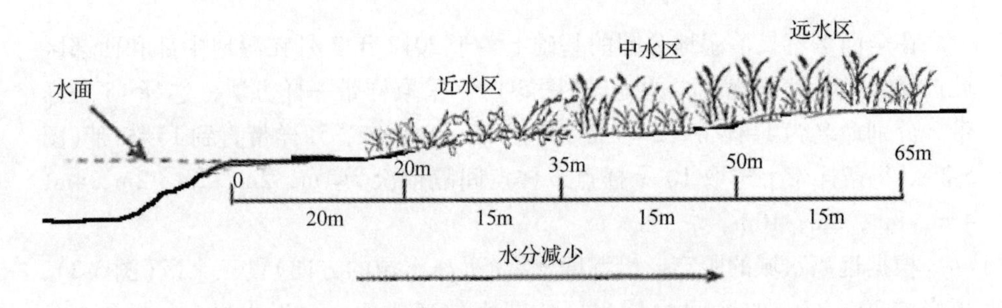

图 5-2　沿水分梯度的样地设置

Fig. 5-2. Along the moisture content of the sample set

1. 2. 2　分析测试方法

样方调查，包括植物调查和土壤的取样。现场调查 150 个样方，记录样方内植物种数、平均盖度，并测量每个样方中各植物种的平均高度。用土钻钻取土壤表层(0～10cm)样品，每个样方内土壤采样采用“S”形的取样方法，每样方采 4 个点，然后把 4 个点的土壤样品充分混合，分别装入自封袋密封后带回实验室测定。不能及时测定的土壤样品放置在 4℃冰箱内保存。

将土壤样品自然风干后，除去石块、植物残根残叶、人为垃圾等杂物，研碎后，部分过20目土壤筛用于有机碳含量的测定；剩余过100目土壤筛用于测定其他指标。参照鲍士旦的《土壤农化分析》对土壤及植物各理化性质进行测定，均各设3个重复，其中，土壤含水量测定采用105℃烘干法测定，含盐量采用电导率仪测定(土∶水＝1∶5)，全氮用半微量凯氏定氮法，全磷用 $HCLO_4-H_2SO_4$ 法测定，pH值测定采用电位法(土∶水＝1∶2.5)，有机碳用干烧法。

用Microsoft office Excel2003对所得数据进行前处理，将样品的吸光度转化为样品各养分的浓度值，再用统计软件SPSS17.0进行平均值、标准误、单因素方差分析(One－Way ANOVA)分析不同水分含量区域的土壤、植物数据变量的差异显著性检验，并用Pearson相关系数分析不同因子间的相关关系等。

2　湿地公园土壤有机碳、氮水平含量及分布特征

2.1　土壤有机碳水平含量

对不同湿度梯度SOC含量进行描述性统计，结果表明(表5-1)：近水区的SOC含量均值最高为36.39g/kg，远水区的SOC含量均值最低为34.82g/kg，而中水区的SOC含量为35.55 g/kg。从土壤有机碳含量均值比较分析，湿度含量大的SOC含量比较湿度含量低的要高。三个区域中值和均值相差较大，说明土壤有机碳含量分布较不均匀，土壤有机碳变异系数均大于10%，存在中等程度的水平变异性。从土壤有机碳的变异分析，近水区的SOC波动范围是22.25～104.74g/kg，最大值是最小值的4.71倍，变异系数为35%；中水区的SOC波动范围是8.31～93.41g/kg，最大值是最小值的11.24倍，变异系数为31.01%；远水区的SOC波动范围是7.76～85.96g/kg，最大值是最小值的11.08倍，变异系数为33.72%。以上结果表明，SOC含量随着湿度梯度的下降而减少；中水区SOC的变异程度低于远水区和近水区的变异程度。

表5-1　土壤有机碳含量的描述性统计结果

Tab. 5-1 Statistics of SOC in the research area

样区	最小值(g/kg)	最大值(g/kg)	平均值(g/kg)	中位数	标准差	变异系数Cv(%)
近水区	22.25	104.74	36.39	34.61	12.74	35.004
中水区	8.31	93.41	35.55	34.34	11.03	31.012
远水区	7.76	85.96	34.82	33.18	11.74	33.722

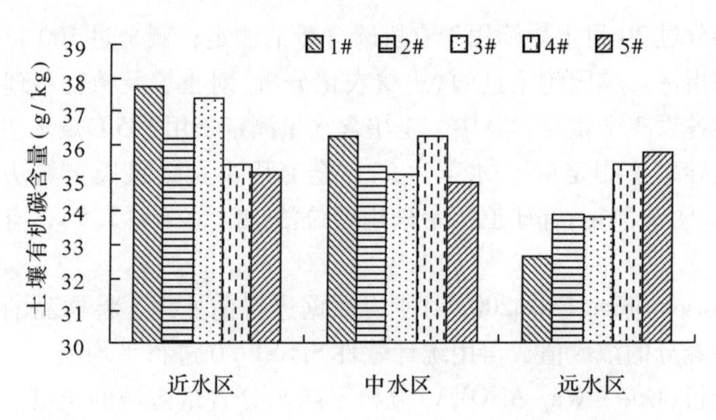

图 5-3　不同水分梯度各样带土壤有机碳的水平含量

Fig. 5-3　Distribution of soil SOC in different plots

对不同湿度梯度各样带土壤有机碳含量水平分布图(图 5-3)可知，5 条样带的土壤有机碳随着湿度梯度变化表现相似的特征，即随着离水域的距离越远(湿度梯度减小)土壤有机碳含量减少。其中，1#样地随着湿度梯度变化 SOC 含量减少明显，远水区比近水区减少了 15%；而 2#样地仅减少了 6%；4#样地和 5#样地随着土壤湿度梯度的变化没有明确的规律，其中 SOC 含量的变化幅度分别为：0.001%~0.2%、0.09%~0.1%。湿地公园采取围栏封育措施，使湿地公园的植被覆盖度、地下生物量有所改善，同时近水区人为干扰少，生产力水平高，盖度大，有利于土壤有机碳的积累；而远水区可能因为大量放牧的干扰，使得大部分地上生物量减少，土壤有机碳含量较低。4#样地和 5#样地位于湿地中部，人为干扰相对较少，差异不大。以上结论可以看出，湿地土壤有机碳受湿度梯度、人类活动、植被盖度等随机性因素影响较大。

2.2　土壤有机氮水平含量

对不同湿度梯度土壤全氮含量进行描述性统计，结果表明(表 5-2)：近水区的 TN 含量均值最高为 1.159g/kg，远水区的 TN 含量均值最低为 1.121g/kg，而中水区的 TN 含量为 1.148g/kg，表明了湿度含量大的的土壤全氮含量比湿度含量低的要高。三个区域中值和均值相差较大，说明全氮含量分布较不均匀，土壤全氮变异系数均大于 10%，存在中等程度的水平变异性，而中水区 TN 含量的变异系数(Cv = 23.08%)低于近水区和远水区。以上结果表明，随着水平湿度梯度的变化，土壤全氮含量、变异系数均与土壤有机碳含量相一致，即为 TN 含量随着湿度梯度的下降而减少；中水区 TN 的变异程度低于远水区和近水区的变异程度。

表 5-2　土壤全氮含量的描述性统计结果

Tab. 5-2　Statistics of TN in the research area

样区	最小值（g/kg）	最大值（g/kg）	平均值（g/kg）	中位数	标准差	变异系数 Cv(%)
近水区	0.718	1.54	1.159	1.185	0.304	26.23
中水区	0.598	1.74	1.148	1.134	0.265	23.08
远水区	0.671	1.54	1.121	1.157	0.294	26.18

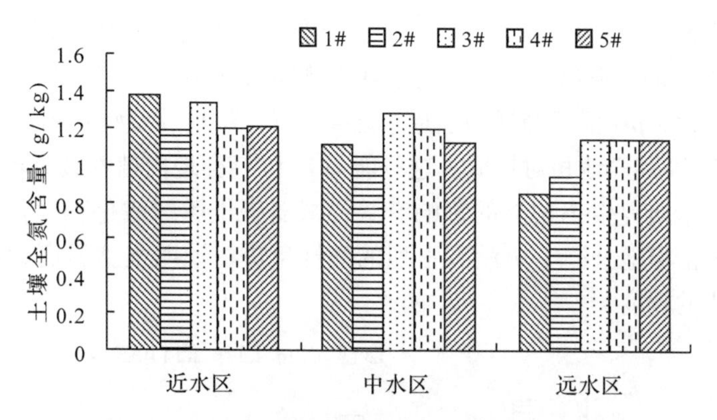

图 5-4　不同水分梯度各样带土壤全氮的水平分布

Fig. 5-4　Distribution of soil TN in different plots

从图 5-4 中可以看出，5 条样带的全氮随着湿度梯度表现相一致的特征，即随着离水域的距离越远(湿度梯度减小)土壤各理化指标含量减少。其中，1#样带随着湿度变化 TN 含量减少明显，远水区比近水区减少了 62.6%，与其他大量研究结果相一致，TN 含量主要决定于 SOC 含量，TN 含量与 SOC 含量间存在很好的线性正相关。2#、3#、4#、5#样带均呈直线下降，但减少率低，变化幅度为：0.02%~25%。在 3#样带中苜蓿根瘤菌的固氮作用可能也是 TN 含量的重要来源，同时物种较为丰富，增加了 N 的归还。

2.3　土壤 pH 值的水平含量

对不同湿度梯度土壤 pH 值进行描述性统计，结果表明(表 5-3)：对土壤 pH 值的均值比较，远水区(SWC = 40%) > 中水区(SWC = 52%) > 近水区(SWC = 58%)，表明了湿度含量低的土壤 pH 值比湿度含量高的要高。三个区域中值和均值相差不大，说明 pH 值的分布较均匀，土壤 pH 值的变异系数均小于 10%，存在轻度的水平变异性。从土壤 pH 值的变异程度看，远水区 < 中水区 < 近水区。

表 5-3　土壤全氮含量的描述性统计结果

Tab. 5-3　Statistics of TN in the research area

样区	最小值(g/kg)	最大值(g/kg)	平均值(g/kg)	中位数	标准差	变异系数 Cv(%)
近水区	7.2	8.19	7.79	7.89	0.303	3.89
中水区	7.3	8.16	7.83	7.89	0.217	2.78
远水区	7.28	8.15	7.86	7.87	0.163	2.07

由图 5-5 分析表明，土壤 pH 值在三个湿度梯度之间总体差别不大，介于 7.54～8.05 之间，偏碱性土壤。近水区 1#样带 pH 值最小(7.54)，随着离水域的距离越远，pH 值逐渐增加至远水区 4#达到(7.99)。2#和 5#样地 pH 相对较高，而1#和 3#样地相对较低。这可能与 1#和 3#样地内植物具有较强吸附污染物、净化水质等生态功能的影响有关，减弱了土壤的酸化程度。而值得注意的是，长治湿地公园土壤没有强烈的酸性反应，说明土壤湿度没有达到促进土壤酸化的程度。

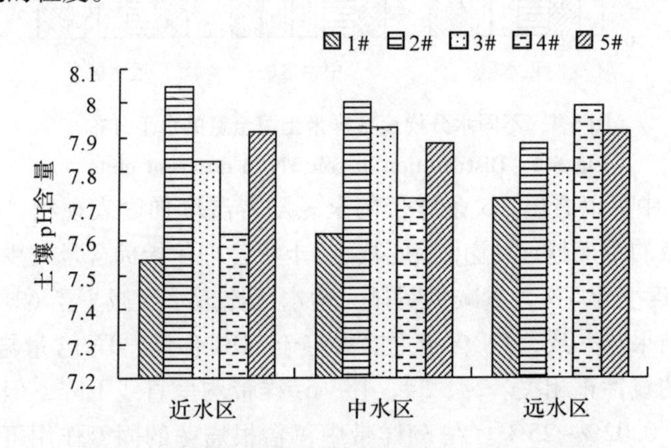

图 5-5　不同水分梯度各样带土壤 pH 的水平分布

Fig. 5-5　Distribution of soil pH in different plots

2.4　土壤全磷的水平含量

对不同湿度梯度土壤全磷含量进行描述性统计，结果表明(表 5-4)：对 TP 含量的均值比较，近水区(SWC＝58%)＞中水区(SWC＝52%)＞远水区(SWC＝40%)，表明了较高含水量的 TP 含量比较低含水量的要高。三个区域中值和均值相差不大，说明全磷含量分布相对均匀，土壤全磷变异系数均大于 10%，存在中等程度的水平变异性。从 TP 含量的变异程度看，远水区＞中水区＞近水区。

表 5-4　土壤全磷含量的描述性统计结果

Tab. 5-4 Statistics of TP in the research area

样区	最小值（g/kg）	最大值（g/kg）	平均值（g/kg）	中位数	标准差	变异系数 Cv（%）
近水区	0.35	0.73	0.537	0.518	0.1	19.15
中水区	0.1	0.84	0.503	0.500	0.13	26.63
远水区	0.1	0.67	0.459	0.462	0.14	30.07

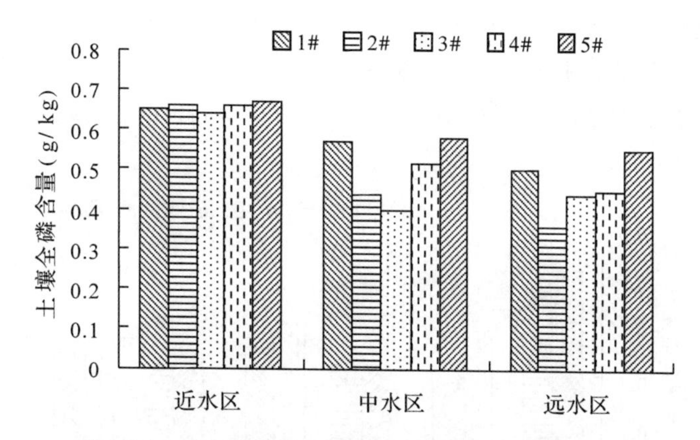

图 5-6　不同水分梯度各样带土壤全磷的水平分布

Fig. 5-6　Distribution of soil TP in different plots

由图 5-6 中可以看出：在这 5 条样带中，只有 3#样带 TP 含量是呈先减后增的变化趋势，其他样带均为直线下降趋势。2#样带随着湿度梯度的变化 TP 含量减少明显，远水区比近水区含量减少了 83%。5#样带 TP 含量相对其他较高，可能因为 5#样带为芦苇－香蒲群落，已有研究表明芦苇和香蒲对磷含量具有较高的吸收和持留能力，植物的生物归还导致表层土壤全磷的累积。

2.5　土壤含盐量的水平含量

对不同湿度梯度土壤含盐量含量进行描述性统计，结果表明（表 5-5）：对含盐量的均值比较，近水区（SWC＝58%）＞中水区（SWC＝52%）＞远水区（SWC＝40%），表明了较高含水量的土壤含盐量比较低含水量的要高，其均值依次为：0.446g/kg、0.356g/kg、0.336g/kg。从含盐量的变异程度看，中水区与远水区的变异程度较低，这可能与实验区相对均一的成土母质相关，近水区（CV＝21.88%）变异程度明显大于中水区和远水区的变异程度。

表 5-5　土壤含盐量含量的描述性统计结果

Tab. 5-5　Statistics of TS in the research area

样区	最小值 (g/kg)	最大值 (g/kg)	平均值 (g/kg)	中位数	标准差	变异系数 Cv(%)
近水区	0. 168	0. 761	0. 446	0. 429	0. 098	21. 88
中水区	0. 178	0. 682	0. 356	0. 353	0. 033	9. 25
远水区	0. 186	0. 709	0. 336	0. 337	0. 037	7. 96

从土壤含盐量的水平分布图(图 5-7)结果表明：近水区到中水区减少程度明显，而中水区到远水区相对不太明显。其中，2#样带变化最明显，变化幅度为 0. 6%~59. 4%。

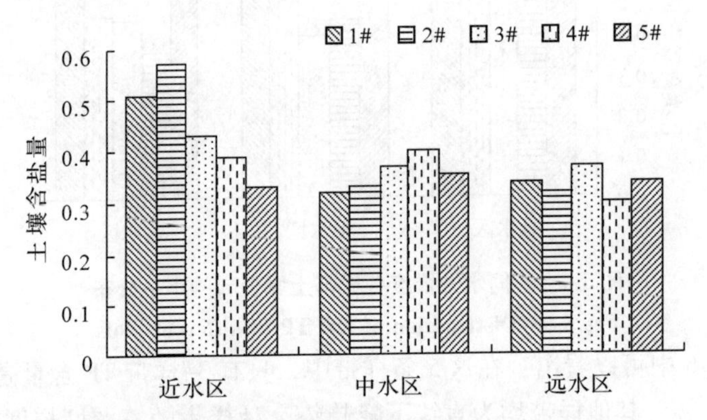

图 5-7　不同水分梯度各样带土壤含盐量的水平分布

Fig. 5-7　Distribution of soil TS in different plots

2. 6　土壤有机碳、氮含量水平分布特征

一般情况下，生境的差异主要是湿度、海拔、温度、土壤因子等因素综合作用的结果。长治湿地公园地势平坦，温度差异也不显著，属于区域性湿地，土壤因素也不明显，所以湿度梯度条件是该湿地的主要影响因子。同一地区相同立地条件下，对不同湿度梯度变化的湿地土壤理化因子的分析，特别是 SOC、TN 含量的相关指标，分析它们之间是否有显著差异以及差异情况，是分析湿度梯度对土壤理化因子含量影响程度的基础。在不同的湿度梯度环境下，湿地 SOC 含量积累的程度存在不同的差异，同时，TN 储存量也存在不同的差异(吕宪国等，1995)。

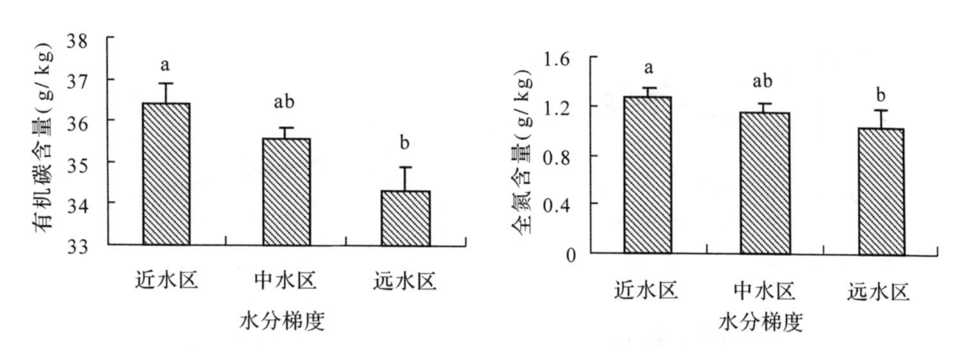

图 5-8　不同水分梯度土壤有机碳氮水平分布特征

Fig. 5-8　Distribution characteristics of soil SOC、TN in different plots

注：柱图上方不同字母为差异显著。

SOC、TN 含量与水分含量差异显著，而随着土壤远离水域的距离增加而减少的程度不同，分析了 3 个区域 SOC、TN 含量差异显著性(图 5-8)，近水区与远水区差异都极显著($P<0.01$)，虽然 SOC、TN 含量在近水区和中水区之间、中水区和远水区之间都在逐渐减少，但含量差异不显著。相比较而言，SOC、TN 含量近水区的变异程度较小，其原因可能是近水区植被相对单一、生物量相对稳定，这可能与湿地对 SOC、TN 的持留能力有关，而干湿交替又是影响湿地持留能力的关键因子。

3　土壤理化因子对有机碳、氮的影响

3.1　土壤有机碳与全氮含量的关系

对湿地公园 SOC 和 TN 含量相关分析(图 5-9)发现，SOC 和 TN 有很好的耦合关系呈正相关，最好拟合为多项式函数($y=-0.0045x^2+0.4106x-7.7126$，$P=0.000$)，表明 SOC、TN 关系密切，变化趋势相同。5#样地位于湿地公园较中心地段，明显比其他样地耦合度好($R=0.923$)，这可能是由于湿地公园经过封禁，降低了放牧和人为活动的干扰，生态系统中各因子处于相对一致的环境中，加强了相互作用的效果。大量文献研究显示，SOC 与 TN 含量之间呈显著相关性。在此基础上，给予逐步回归分析进一步考察不同水分梯度下土壤有机碳与全氮的相关性(表 5-6)，结果表明由近水区到远水区相关性依次减少，均显著相关。

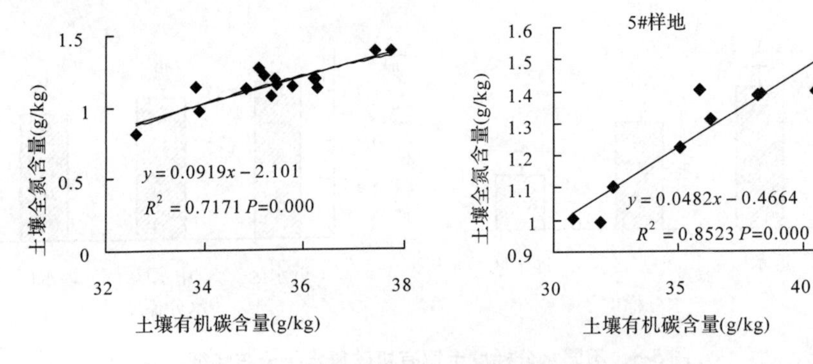

图 5-9　湿地土壤有机碳和全氮含量关系

Fig. 5-9　Relationship between soil SOC and TN in wetland

表 5-6　湿地土壤有机碳和全氮的关系

Tab. 5-6　Correlation between soil SOC and TN in wetland

分析项目	采样点	线性拟合方程	相关系数 R	显著性检验 P
	近水区	$y = 35.078 + 19.321x$	0.902	<0.001
全氮含量 x(g/kg)	中水区	$y = 28.42 + 28.298x$	0.9	<0.001
有机质含量 y(g/kg)	远水区	$y = 54.56 + 22.125x$	0.811	<0.001

3.2　土壤理化因子与有机碳、氮相关分析

对湿地土壤中营养物质 TN、TP 和 SOC 等含量的变化规律进行相关性分析和探讨，并期望能对其他城市的湿地保护区的规划和发展有所帮助。相关分析是分析变量间的线性关系，相关系数可以用来确定变量间的密切程度和线性相关的方向。对 SOC、TN 含量以及土壤理化因子指标进行 Pearson 相关分析统计，结果见表 5-7

表 5-7　土壤理化性质相关性分析

Tab. 5-7　Correlation analysis of soil physical and chemical properties

因子	SOC	全氮 TN	全磷 TP	pH	含盐量 TS	含水量 WC
SOC	1					
全氮 TN	0.821**	1				
全磷 TP	0.580*	0.519*	1			
pH	−0.218	−0.209	−0.104	1		
含盐量 TS	0.525*	0.528*	0.528*	−0.036	1	
含水量 WS	0.521*	0.514*	0.426	−0.497	0.366	1

注：*代表显著性，**($P<0.01$)表示极显著，*($P<0.05$)表示显著，无*($P>0.05$)表示不显著

从表中可以看出，湿地中 SOC、TN、TP、pH、SWC、含盐量之间具有良好的相关性。SOC 与 TN 含量间有高度的相关性，这符合一般规律，SOC 含量与 TN 含量极显著($P<0.01$)，SOC、TN 分别与 TP、SWC、含盐量显著正相关($P<0.05$)，相关系数均在 0.5~0.6 之间，SWC 与 SOC 含量的相关系数为 0.521，SWC 与 TN 含量为 0.514，表明土壤含水量的变化与土壤有机碳、全氮的含量的变化关系密切。土壤有机碳是土壤结构形成和稳定作用的核心物质，可以改善土壤结构、土壤胶体状况等。而土壤性质的改善必然引起土壤持水性能的提高。反之，土壤含水量也会通过改变土壤有机碳的矿化速率和全氮的硝化—反硝化作用来改变土壤有机碳、全氮含量。与土壤 pH 值为弱负相关，土壤 pH 值对有机质和全氮的影响主要与土壤微生物的活动有关。当土壤 pH 值在中性范围内时其活性最强，在强酸性或强碱性范围内其活性受到限制，从而抑制有机质的分解转化及氮素固定。

3.3　土壤理化因子与有机碳、氮回归分析

进一步对其进行单因子回归分析，从图 5-10 中可以看出，土壤含水量与有机碳最好拟合为幂函数，与全氮含量最好拟合为多项式函数；土壤全磷含量、含盐量与有机碳和全氮含量最好拟合为多项式函数；结果表明土壤理化因子与土壤有机碳氮含量的关系并不是简单的正相关关系。

4　主要研究结论

研究表明，土壤有机碳和全氮的含量变化受多方面因素影响，外界因素和内部因素共同作用。外部因素如水分条件对 SOC 和 TN 的分布起了决定性作用，与自然或人为干扰因子息息相关；而内部因素如土壤全磷、pH、含盐量对 SOC 和 TN 含量有重要影响。

通过前面的研究，可得出以下结论：

(1)水分梯度是一个复合梯度，在水分梯度变化的同时，含盐量、pH、土壤理化性质等都会相应发生变化。土壤有机碳、全氮在三个水分梯度下的差异均达到统计显著水平，尤其近水区与远水区差异极显著($p<0.01$)。土壤有机碳和全氮水平含量分布情况相一致，随着湿度的减少，水平含量也相应减少；而对变异系数而言，都存在中等程度的变异情况，且中水区较低于近水区与远水区。

(2)长治湿地土壤 SOC、TN、TP、pH、含盐量、含水量之间密切相关。

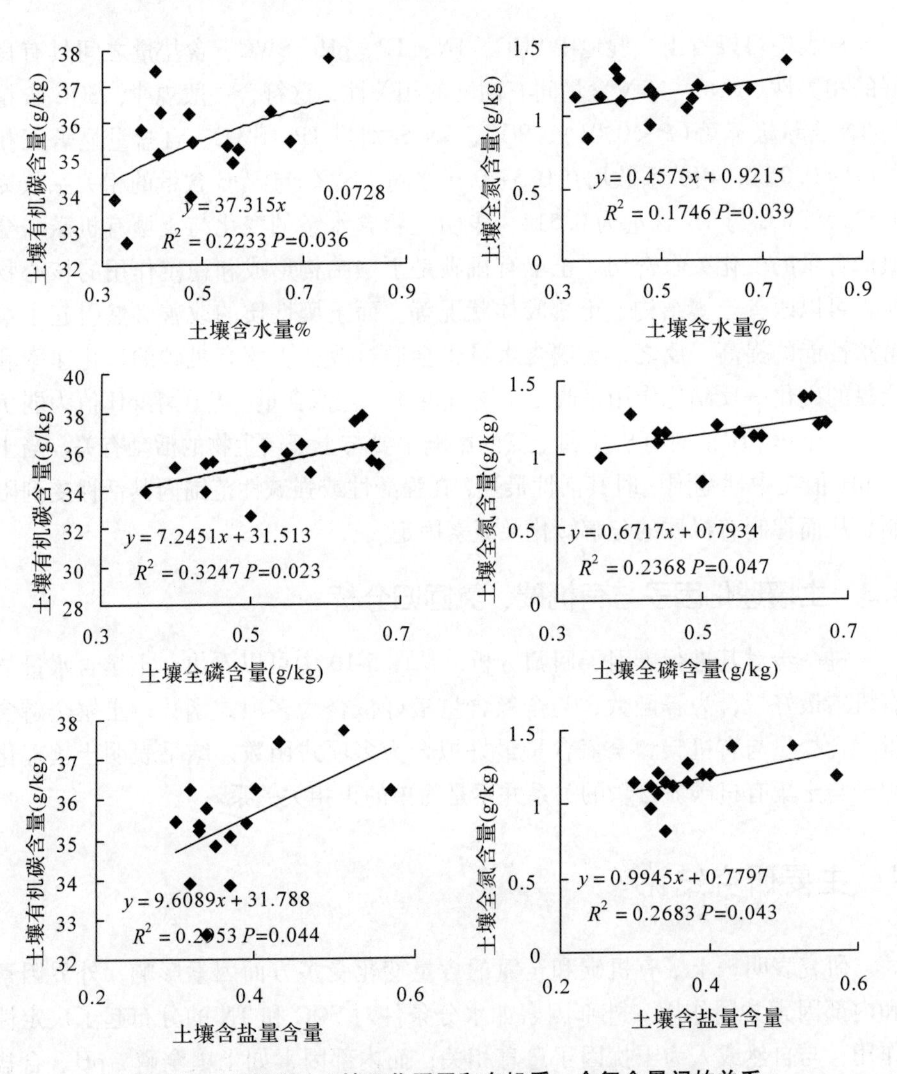

图 5-10　长治湿地土壤理化因子和有机质、全氮含量间的关系

Fig. 5-10　Relationship between soil factors and SOC 、TN in wetland

土壤有机碳和全氮在 0.01 水平上呈极显著的正相关关系；对全氮与有机碳进行回归分析，拟合最好的为多项式（$R^2=0.722$）。土壤含水量与有机碳呈正相关且最好拟合为幂函数。与全氮含量呈正相关且最好拟合为多项式函数；土壤全磷含量、含盐量与有机碳和全氮含量呈正相关，且最好拟合都为多项式函数。pH 值与有机碳、全氮含量的相关性都很差且为负相关，这表明 pH 值对该区碳氮含量影响较弱，本区土壤 pH 值多在 7.44～8.05 范围内，所以对微生物活动的影响不大。

(3)长治湿地物种构成较单一，平均盖度相对较高，物种丰富度和多样性指数较低，由高到低依次为：远水区 > 中水区 > 近水区。土壤有机碳与物种丰富度 Margalef 指数为负显著相关最好拟合为直线回归；与物种多样性 Shannon - Wiener 指数为负显著相关和平均盖度为正显著相关，且最好拟合为指数函数；土壤全氮与物种丰富度 Margalef 指数为极显著负相关，且最好拟合为多项式函数；与物种多样性 Shannon - Wiener 指数呈负显著相关，且最好拟合为指数函数；与平均盖度为正显著相关最好拟合为幂函数。

第6章　湿地土壤有机碳、氮与植被生物多样性关系研究

湿地是重要的自然资源，也是地球生态系统平衡的绿色过滤者(韩大勇等，2012)。湿地植被的结构、功能是形成湿地生态系统的一部分，对土壤环境因子会产生一定的影响(何雪芬等，2010；王忠欣等，2013；赵欣胜等，2010；Luc *et al.*，2004；Sudam *et al.*，2012)，对生态系统稳定性有重要作用(王玲玲等，2005)。土壤影响植物群落的结构和功能，植物群落生境的差异可能是形成物种多样性的主要原因(张江英等，2007)。不同植物群落物种多样性与土壤环境因子的相关性研究对于植被的恢复与重建，及生物多样性保护有重要作用(王纳纳等，2013)。针对不同生态系统的较大尺度下物种多样性与土壤因子关系研究已有很多积累(傅德平等，2008；贺强等，2009；王小燕等，2010；肖德荣等，2008；王祥荣，1993；安树青等，1997)，而对于湿地资源利用与保护矛盾较为突出的城市湿地公园的研究尤为缺乏。

长治湿地公园是山西省面积最大和保存最好的湿地生态系统之一，基本上保持了原生湿地生态系统特征，具有巨大的生态和研究价值(武甲，2012)。目前对于这一湿地公园的研究报道多为植物多样性资源和水体方面的调查(李素清等，2011)，缺乏物种多样性和土壤环境因子关系的研究。本文以长治湿地公园植物-土壤为研究对象，探讨了该地区植物的物种多样性与土壤理化因子的关系，以期对城市湿地公园生物多样性维持和生态系统管理、恢复提供参考。

1　研究方法

样方设置如图6-1，进行调查150个样方的植物群落调查。记录样方内植物种数、平均盖度，并测量每个样方中各植物种的平均高度(表6-1)。

表 6-1　样地植被情况

Tab. 6-1 Vegetation condition of the sampling sites

采样区域	指示种	平均高度（cm）	平均盖度（%）
近水区	芦苇(*Phragmites australis*)群落，伴生种有香蒲(*Typha orientalis* Presl.)、泽泻(*Alisma plantago - aquatica*)、莎草(*Cyperus rotundus* L.)、藨草(*Scirpus triqueter* L.)、荸荠(*Eleocharis dulcis*)等	15	85
中水区	莎草(*Cyperus rotundus* L.)群落，伴有苍耳(*Xanthium sibiricum*)、藨草(*Scirpus triqueter* L.)、菟丝子(*China Dodder*)、早熟禾(*Poaannua* L.)、朝天委陵菜(*Potentilla supina* L.)等	25	35
远水区	种类有苍耳(*Xanthium sibiricum*)、藨草(*Scirpus triqueter* L.)、莎草(*Cyperus rotundus* L.)、菟丝子(*China Dodder*)、苜蓿(*Medicago sativa* Linn)、两栖蓼(*Polygonum amphibium* L.)、酸模叶蓼(*Polygonum lapathifolium* L.)、狗尾草(*Setaira viridis*)、飞蓬(*Erigeron acer* L.)、扁蓄(*Polygonumaviculare* L.)等	45	30

物种多样性测度指标：

(1)物种多样性指标 Shannon - Wiener 指数：$H = -\sum P_i \ln P_i$

式中：P_i为群落中某个物种其个体数量占该群落中所有物种个体数量的总和的百分比，即 $P_i = N_i/N$，N_i 为第 i 个物种的数量，N 为群落的个体总数。

(2)生态优势度指数(Simpson 指数)：$D = 1 - \sum P_i^2$

(3)物种丰富度指标 Margalef 指数：$W = (S - 1)/\ln N$

式中：S 为群落中物种的数量，N 为群落的个体总数。

(4)均匀度指标(Pielou 指数) $E = (1 - \sum P_i^2)/1 - 1/S$

2　不同水分梯度下植被多样性指数的差异性

图 6-1 为近水区、中水区、远水区三个水分梯度区域的植被多样性指数，指数均显示：近水区 < 中水区 < 远水区。物种多样性 Shannon - Wiener 指数在三个水分梯度区域均显著，且近水区与远水区、中水区与远水区差异极显著($P < 0.01$)；丰富度 Margalef 指数近水区与远水区差异极显著($P < 0.01$)；生态优势度 Simpson 指数近水区与远水区差异显著；均匀度 Pielou 指数近水区与远水区差异极显著($P < 0.01$)，中水区与远水区差异显著；而平均盖度的差异

性均不显著。

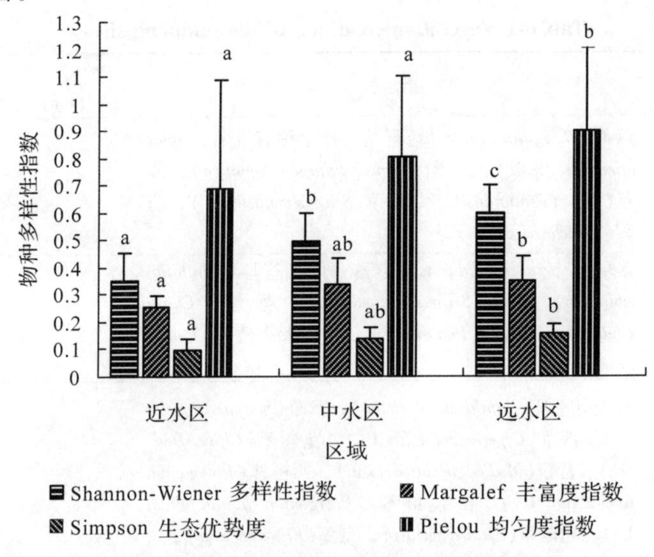

图 6-1 不同区域植物群落的物种多样性指数

Fig. 6-1 Species diversity index in different simples

注：图柱上方不同字母为差异显著。

3 多样性指数与土壤环境因子的相关性分析

相关分析结果显示从表 6-2 可见，植被多样性 4 个指数与 SOC 含量和 pH 值呈正相关，与 SOC、TN、TP、SWC、含盐量呈负相关。物种多样性 Shannon-Wiener 指数与 SOC、TN、TP、SWC、含盐量的含量呈显著负相关关系($P<0.05$)，其中与 TP 相关性较大；丰富度 Margalef 指数与 SOC、TN、含盐量呈显著负相关关系($P<0.05$)，其中与 TN 含量为极显著相关关系($P<0.01$)；生态优势度 Simpson 指数只与 TP 含量达到极显著负相关($P<0.01$)，与其余 5 个土壤理化指标均没有达到显著关系，但与土壤含水量之间的相关系数相对较高。均匀度 Pielou 指数只与 SWC 呈显著负相关($P<0.05$)，与其他土壤因子之间的关系均未达到显著水平。分析表明，土壤有机碳、氮是受物种多样性高低的影响，因为物种多样性影响了生态系统的生物量，生物量影响碳氮储量。全磷、含盐量和含水量会对湿地物种多样性产生抑制作用。分析其原因可能是土壤含盐量的增大说明土壤中盐分含量增高，土壤可能会出现盐碱化的趋势，不利于碳氮磷循环、植物的生长，更不利于植物种类向多样性发展。

平均盖度与 SOC、TN、TP、含盐量均显著，其中，与 TP 达到极其显著相关关系($P<0.01$)。分析其原因可能是因为植被盖度大，植物根系发达，使得土壤孔隙度增大，土壤的水源涵养能力增加，同时枯枝落叶量多，土壤微生物活跃，使得其互相有良好的相关性。

表 6-2　不同水分梯度物种多样性指标含与土壤因子的相关系数

Tab. 6-2　Correlation coefficient of species diversity index and soil factors

土壤因子	物种多样性 H	物种丰富度 W	辛普森指数 D	均匀度 E	平均盖度
有机碳	-0.522*	-0.557*	-0.296	-0.461	0.534*
全氮	-0.525*	-0.659**	-0.378	-0.47	0.557*
全磷	-0.617*	-0.484	-0.724**	-0.502	0.708**
pH	0.389	0.184	0.256	0.362	-0.349
含盐量	-0.532*	-0.535*	-0.329	-0.397	0.536*
含水量	-0.589*	-0.340	-0.488	-0.604*	0.433

4　植被多样性与土壤有机碳氮的回归分析

进一步对其进行单因子回归分析，从图6-2 中可以看出，SOC 含量与物种丰富度 Margalef 指数的最好拟合为直线回归，SOC 含量与物种多样性 Shannon - Wiener 指数和平均盖度最好拟合为指数函数；TN 含量与物种丰富度 Margalef 指数的最好拟合为多项式函数，TN 含量与物种多样性 Shannon - Wiener 指数最好拟合为指数函数，TN 含量与平均盖度最好拟合为幂函数。结果表明物种多样性与土壤有机碳氮含量的关系并不是简单的负相关关系。

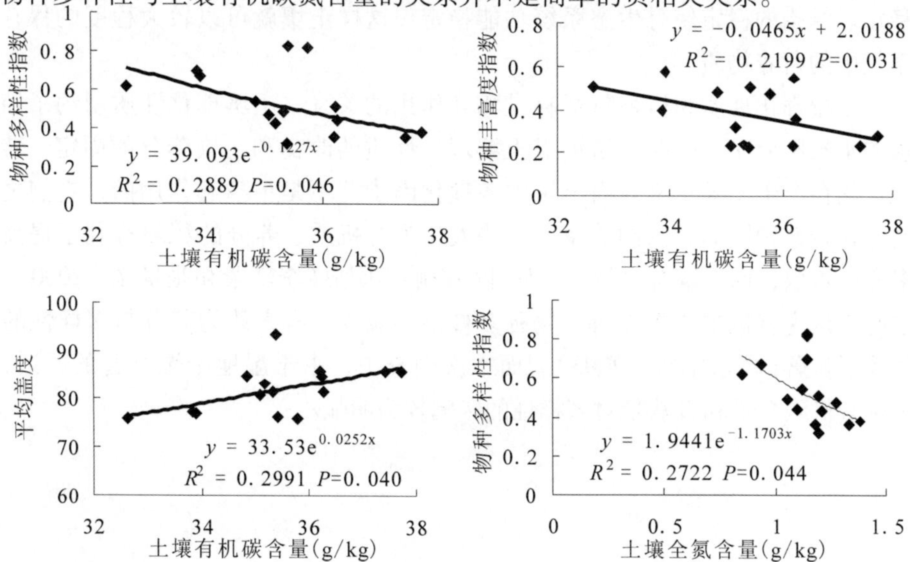

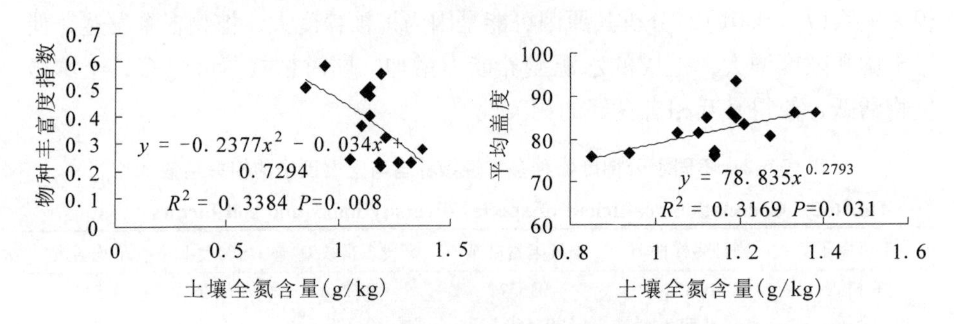

图 6-2 多样性指数与土壤有机碳氮的关系

Fig. 6-2 Relationship between soil diversity and SOC 、TN in wetland

5 主要结论

物种多样性 Shannon - Wiener 指数、丰富度 Margalef 指数、生态优势度 Simpson 指数、均匀度 Pielou 指数、平均盖度这些植被特征均与土壤有机碳含量、全氮含量有不同程度的影响。表明植被对土壤有机碳、全氮含量影响较大；同时也可得知，土壤有机碳、氮含量是植被恢复与重建的重要环境因素。植物盖度增大，调节土壤水热的能力增强，植被群落生物量增加，归还到土壤中的有机物含量提高。物种丰富度增高，土壤有机碳含量、土壤全氮显著提高，其原因为：第一，植物种类丰富，植物根系与枯枝落叶归还率较高且较易分解，土壤理化性质得以改良。其二，群落物种多样性提高，结构较为稳定。结构的稳定使得生态系统功能稳定。这样土壤就可以较大程度的保存系统中的营养物质。

土壤理化性质和植被特征存在相互作用的关系。土壤理化性质制约了植被的生长和分布，同时，植被对土壤理化性质的改良和土壤养分的固定、转化、储存产生积极意义。而土壤中各理化因子并不是单独起作用的，它们之间存在着某种影响和制约关系，一些人认为有机质、养分的积累有利于提高多样性指数，而土壤含水量对多样性的影响不明显(李新荣和张景光，2000)。也有人认为有机质和 N 增加，物种多样性却减少。有人认为养分与多样性的关系不显著(郭逍宇等，2005)。而本次调查中，由于湿地干湿交替的原因，土壤有机碳含量和含盐量对多样性的影响较为明显。

第7章　基于土壤碳、氮过程的湿地生态系统健康评价与管理

1　湿地生态系统健康评价概述

1.1　湿地生态系统健康评价的概念及内涵

健康的湿地生态系统指的是系统内的物质循环和能量流动未受到损害，关键生态组分和有机组织被保存完整，对长期或突发的自然或人为扰动能保持良好的弹性和稳定性，整体功能表现出多样性、复杂性和活力(Cui & Yang, 2001；刘子刚和赵金兰，2009)。通常来说，健康的湿地生态系统应具备以下几个特征(王薇，2010；Schneider，1992)：

(1)邻近的生态系统不受现有系统的危害或者危害很小；如果此生态系统对邻近系统造成衰退，那么这个系统肯定是不健康的。

(2)系统功能发挥稳定，运作方式多样且运作过程畅通，不存在失调症状。

(3)具有良好的自我维持能力和恢复能力，以及最小的外部补贴。

(4)对社会经济的发展和人类的健康具有支持和促进的作用。

湿地生态系统健康评价的目的是，对自然因素和人类活动引起的湿地系统的破坏或退化程度进行正确的诊断，以此作为基础，为决策者和管理者提供可靠的依据，达到更好地利用、保护并管理好湿地的目的(毛义伟，2008；汪朝辉等，2003)。湿地生态系统健康评价主要是围绕湿地生态的、生物的、自然的以及社会经济方面进行健康诊断，最终要达到以下目的：

(1)准确地对湿地未来的变化趋势进行预测和评价。

(2)获得关于湿地数量和质量的精确的基础数据；提供湿地数量、质量状况，以及发展趋势的报告，这些报告可用于评价湿地恢复措施的效果，可为未来湿地的管理提供科学的依据。

(3)将湿地数量和质量的变化与原因机制联系起来，如城乡发展，农业和造林活动，运输，开矿，自然因素，保护活动以及其他活动。

(4)对湿地进行健康评价有助于长期了解湿地的健康结构、功能、过程和分布状况。

1.2 湿地生态系统健康评价的国内外研究进展

1.3 湿地健康评价方法研究

国外在生态系统健康评价方面的研究起步比我国早，以美国环保署(EPA)为代表的研究团队开展了全国性的湿地生态系统健康状况评价。依据评价方法的尺度和强度，提出了3个层次的湿地健康评价方法(Level Ⅰ，Ⅱ，Ⅲ)。Level Ⅰ是景观尺度上的评价方法，把地理信息系统和遥感技术运用到评价体系中。对于大面积和大量的湿地而言是非常有效的且节约资源的一种方法；但是它对于单个湿地的评价精度相对是较低的。Level Ⅱ是一种快速评定的方法，它是利用简单的对于单个湿地的观测数据定性的对于湿地进行快速的健康状况评价；评价的精度中等。Level III评价方法是采用定量化的野外采样方法进行的精度较高的一种健康评价方法，可以评价湿地生态的完整性；但其耗费较大，无论在人力、物力或者财力方面(陈展等，2009)。

我国关于湿地评价的研究起步较晚，定量化的湿地评价研究包括以下几个环节：①根据评价目的和评价原则，建立符合区域特征的湿地评价指标体系。②进行评价指标分级处理，建立综合评价系统和子系统。③运用数学方法计算湿地综合评价指数，得出评价结论(欧阳志云等，1999)。

有文献记载的我国湿地健康评价方法体系有以下5种：

(1)层次分析法。其基本原理是将评价系统有关的各种要素分解成若干层次，同一层次的各种要求以上一层要求为准则。其次，进行两两判断的比较与计算，求出各要素的权重，最后根据综合权重按最大权重原则确定最优方案(徐建华，2002)。分析步骤为：①建立指标体系→②建立判断矩阵→③归一化特征向量→④一致性检验→⑤计算综合评价指数(李文艳等，2010)。

(2)模糊综合评判法。该方法是以模糊数学为基础，应用模糊关系合成的原理，将一些边界不清，不易定量的因素定量化，进行综合评价的一种方法(谷东起，2003；张晓龙，2005)。其步骤如下：①建立指标集→②确定权重集→③建立评价集→④进行单指标评价，建立隶属度函数→⑤建立模糊隶属度矩阵→⑥得到最终的综合评定结果。

(3)综合指数法。该方法中最关键的是评价因子权重的确定。为使评价结果更具可信性，一般采用层次分析法(AHP)先进行评价因子权重排序。其步骤为：在得到指标层要素对目标层的权重后，结合目标层各评价因子标准化后数据，采用综合指数法求出湿地生态环境质量综合指数。

(4)景观生态学方法。景观生态学以整个景观为研究对象，强调空间异质性的维持与发展，重视空间结构与生态过程的相互作用(李文艳等，2010)。湿地景观格局取决于湿地资源地理分布和组分，与湿地生态系统抗干扰能力、恢复能力、稳定性和生物多样性有密切关系。因此，分析湿地景观格局随着时间的动态过程可以揭示湿地景观变化的规律和机制，为最终实现湿地资源的可持续利用提供理论依据。在生态环境质量评价中，通常对景观多样性、优势度、均匀度及景观要素斑块空间变化分析进行评价(李永建，2002)。

(5)综合矩阵分析法。该方法主要评判参数包括因子损失量和因子权重。采用专家打分法确定其损失量等级，损失量是参评因子对湿地环境的实际破坏程度，取值在1~5之间，数值越大表明破坏程度越大。因子权重反映各参评因子对不同类型湿地退化的相对作用大小，突出各湿地类型中主要环境压力因素对评价结果的影响，其赋值方法与因子损失量相同。退化度(R)用来表示湿地退化程度，用所有参评因子损失量的加权之和来表示，R值大者表示湿地受到的环境压力的影响较强，湿地退化较严重；反之，受到的影响弱，湿地退化程度小(谷东起，2003)。

1.4　湿地健康评价指标体系

在过去的研究中，化学和生物指标是湿地生态系统健康诊断的选取的主要指标(毛义伟，2008；戴科伟，2007)，其中包含物种的丰富度、物种组成和多样性，植物的繁殖和生长，生态系统生物量和生产率，种群规模的变化，以及水、有机物和沉积物的化学组成等(王薇，2010)。这些指标对环境的变化具有非常高的敏感性，且比较容易测度，花费也较低，能够较好地对生态系统的受损情况提出早期预警，同时也能为决策者提供有利的依据(王莹，2010)。随着对湿地生态系统研究的进一步深入，系统内的物理指标、压力指标及社会经济指标等，也被放入健康评价指标体系内，不断完善健康诊断指标体系是综合分析湿地生态系统健康的必然趋势(戴科伟，2007)。

澳大利亚联邦科学和工业研究组织(CSIRO)的科研人员，在多年研究工作基础上，就河口湿地生态系统健康研究方面，建立了一套完整的评价流域环境质量的指标体系以及流域健康诊断指标。该体系较为系统地量化了环境背景指标、环境变化趋势指标和经济变化趋势指标，确定量化标准从而明确应采取的具体措施。为了更好地管理和规划湿地，美国在湿地评价和环境监测计划中，将栖息环境指标、响应指标、干扰因子指标等生态系统的健康指标的重要性强化。1998 年，加拿大学者 Rapport(1992)在对河流景观健康评价研究中，把河流湿地生态系统健康指标分为生物指标、物理指标和社会经济指标等几大类。此项研究将社会经济指标和自然生态系统的生物物理过程进行了耦合，代表了湿地生态系统健康研究的最新进展。

我国开展的湿地生态系统健康评价研究开始于 20 世纪 90 年代以后，研究领域集中在对于某一个特定湿地的生态、社会环境和经济指标等的评价上(崔保山，2001)。倪晋仁和刘元元(2006)在分析河流系统平衡特征和影响因素的基础上，建立了河流健康诊断指标体系，河流系统可修复性的系统响应模型，最终建立了河流健康功能和修复技术之间的关系。俞小明等(2006)在分析大量国内外湿地评价指标体系的基础上，结合滨海湿地特有的生态特点，建立了一套能够反映河口滨海湿地生态功能和特征的评价指标体系，对河口滨海湿地的生态服务功能、生态演替阶段和生态特征进行了全面的评价。袁军等(2005)和崔保山等(2002)运用模糊数学综合原理和方法，分别对黑龙江三江平原洪河国家级自然保护区不同年份(1980，1988 和 2002 年)湿地和三江平原挠力河流域湿地进行了健康评价。刘永等(2004)以云南昆明滇池为研究对象，提出了湖泊生态系统评价的指标体系，充分考虑了外部压力指标、生态指标和环境要素指标的有效结合。王治良、李宁云、林茂昌、蒋卫国和麦少芝等在湿地生态系统健康评价指标体系的建立，压力—状态—响应(PSR)分析模型在湿地生态健康评价研究中的应用等方面做了有益的尝试(王莹，2010；王治良，2007)。

目前人们对于湿地生态系统功能的重要性已经有了很高的认识，但对于功能系统的健康评价分析研究相对还比较滞后，尤其是健康评价指标体系的建立及指标的选取，指标的度量等方面还存在很大的局限性，这些都为湿地的评价造成了很大的障碍。

2 研究方法

2.1 实地调查取样

在全面考察长治湿地公园的基础上，于 2012 年 7 月在湿地中部和西部区域选择人类活动干扰较少的地区，采取样带—样方法，选择 15 条样带，分别命名为 1#样带、2#样带、3#样带、4#样带、5#样带直到 15#样带。每条样带上选取 10 个样点，样点间隔依次为 1m，2m，2m，2m，4m，4 m，8m，8m，10m。

2.2　压力—状态—响应(PSR)模型

压力—状态—响应(press - state - response，PSR)是反映人类活动对资源与环境系统的压力、环境资源状况与社会决策响应之间关系的一种模型框架(麦少芝，2005)。PSR 模型具有 3 个方面既相联系又相区别的指标，其结构如图 7-1 所示。

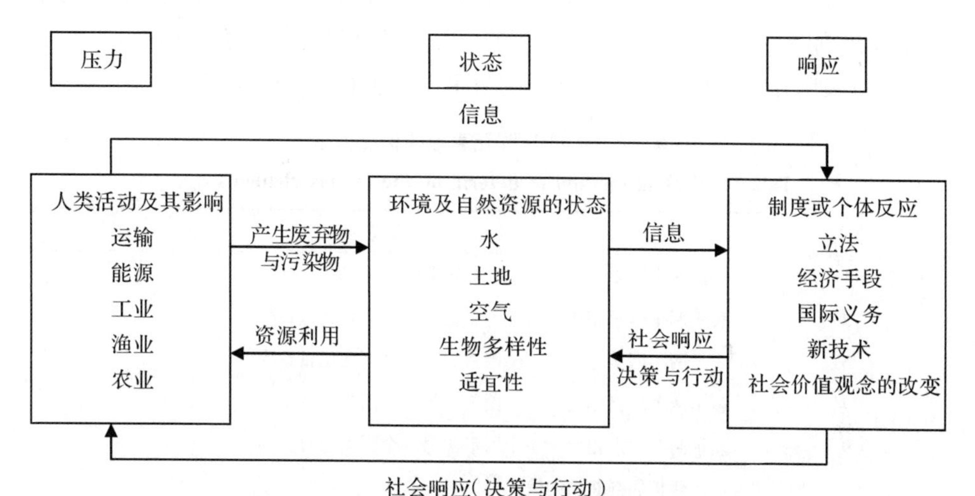

图 7-1　压力—状态—响应(PSR)框架模型(朱智洺等，2010)

Fig. 7-1 Model of the pressure - state - response framework

(1)压力指标：这类指标主要描述了自然过程或人类活动给环境所带来的影响与胁迫，其产生与人类的消费模式有紧密关系，能够反映某一特定时期资源的利用强度及其变化趋势(朱智洺等，2010)。主要包括对环境问题起着驱动作用的间接压力(如人类的干扰程度)，也包括直接压力(如资源利用、污染物质排放)。

(2)状态指标：这类指标反映了湿地自身的结构和功能。主要包括生态系统与自然环境现状，人类的生活质量与健康状况等。它反映了环境要素的变化，同时也体现了环境政策的最终目标，指标选择主要考虑环境或生态系统的生物、物理化学特征及生态功能。

(3)响应指标：包括湿地对人类干扰的响应和人类对湿地变化的响应。反映了社会或个人为了停止、减轻、预防或恢复不利于人类生存与发展的环境变化而采取的措施，如教育、法规、市场机制和技术变革等。

2.3 层次分析法

层次分析法实现的具体步骤为：

(1)将目标系统分解成不同的组成因素，并根据因素之间的相互影响和隶属关系，将其聚集为不同类别的层次，最终形成一个多层次的结构。

(2)每一层次中，两两元素之间的相对重要性可以根据客观情况或主观经验来作出判断，并定量表示。判断矩阵元素 a_{ij}的标度方法见表 7-1。

(3)采用几何平均值法计算指标的权重，并进行一致性检验。

表 7-1　判断矩阵元素a_{ij}的标度方法

Tab. 7-1 Scaling method to determine the matrix elements a_{ij}

标度	含义
1	表示两个因素相比，具有同样重要性
3	表示两个因素相比，一个因素比另一个因素稍微重要
5	表示两个因素相比，一个因素比另一个因素比较重要
7	表示两个因素相比，一个因素比另一个因素十分重要
9	表示两个因素相比，一个因素比另一个因素绝对重要
2，4，6，8	上述两相邻判断的中值
倒数	因素 i 与 j 比较的判断 a_{ij}，则因素 j 与 i 比较的判断 $a_{ji}=1/a_{ij}$

2.4 综合指数法

压力系统、状态系统、响应系统 3 个指标均是由多个指标来反映的综合性指标。在评价过程中，考虑到目前对于多指标绝对值的研究尚处于不成熟的阶段，为了保证所有指标评价标准的一致性，在单指标评价过程中，按照一定的标准将每一指标值划分成不同等级且分别赋分，并对所得分值进行标准化，然后用层次分析法确定每一指标的权重，通过综合健康指数(Comprehensive Health Index，ICH)(袁中兴和刘红，2001)计算整个湿地生态系统的综合评价指数，最后根据总指数的分级数值范围确定湿地生态系统健康的等级。

综合性指标的评价值按照以下公式计算进行计算：

$$X = \sum_{i=1}^{n} W_i \times X_i$$

式中，X 为被评价对象得到的综合评价值，W_i 为第 i 评价指标的权重，X_i 为第 i 指标标准化后的值，n 为评价指标个数。

2.5 调查问卷法

本研究在对长治湿地公园的湿地保护意识做评价时，采用了调查问卷法。调查问卷法是调查者运用统一设计的问卷向被选取的调查对象了解情况或征询意见的调查方法，它是一种以书面提出问题的方式搜集资料的研究方法。研究者将所要研究的问题编制成问题表格，以邮寄方式、当面作答或者追踪访问方式填答，从而了解被试对某一现象或问题的看法和意见，所以又称问题表格法。调查问卷法的运用，关键在于编制问卷，选择被试和结果分析。

3 长治湿地公园生态系统健康指标体系的构建

3.1 评价指标体系构建的原则

城市湿地公园评价指标体系可分为3个层次，从城市湿地公园的不同等级尺度上对其结构和功能等方面进行不同角度的评价，并逐级细化。本研究构建城市湿地公园评价指标体系，需遵循以下几个原则：

(1)在选取评价指标时，既要体现城市湿地本身的特征和演化规律，又要体现城市湿地公园对生态、经济和社会所表现的各种功能，并以城市湿地的保护、持续开发利用为总目标来构建城市湿地公园评价指标体系。

(2)城市湿地公园功能的实现依赖于其结构是否合理，应从不同的尺度对其结构进行分析评价和指标选取。

(3)城市湿地公园的功能是评价城市湿地公园最为直接也是衡量城市湿地公园目标是否实现的指标，而状态系统的指标是城市湿地公园功能的体现，因此在评价中应赋予较大的权重。

3.2 长治湿地公园评价指标体系框架

本体系的建立是基于对国内外湿地生态系统评价指标体系的认真总结和分析的基础上，结合长治湿地公园的现状，采用PSR模型的方法，总结提炼出长治湿地公园生态系统健康评价指标体系。

综合考虑目前国内外有关湿地生态系统健康评价的各种方法，本研究构建了3个层次的评价指标体系(表7-2)：第1个层次为目标层，即以湿地生态系统健康综合指数为总的目标；第2个层次是因素层，包括压力系统(B_1)，状态系统(B_2)，响应系统(B_3)；第3个层次是指标层，每个评价因素都由相应的具体指标来表达。

在这套指标体系中，定性指标（C_1，C_{13}，C_{14}）和定量指标（C_2，C_3，C_4，C_5，C_6，C_7，C_8，C_9，C_{10}，C_{11}，C_{12}）充分结合，既可较完整地描述城市湿地的生态特征，又可对其健康和功能状况进行判定和分级；既包括普通湿地的常规监测指标，又充分考虑城市湿地的生态和管理特征。这套指标体系的最终目的是评价城市湿地公园的生态环境状况及其对外界提供的服务功能和价值，为城市湿地公园的规划建设和科学管理提供服务，为决策者提供依据。

表 7-2　长治湿地公园生态系统健康评价指标体系

Tab. 7-2 The index system of ecosystem health assessment of Changzhi Wetland Park

目标层	因素层	指标层
长治湿地公园生态系统健康评价指标体系（A）	压力系统（B_1）	人类干扰程度（C_1）
		人口密度（C_2）
	状态系统（B_2）	土壤有机质含量（C_3）
		土壤含盐量（C_4）
		土壤 pH（C_5）
		河岸及河床优势性植物覆盖率（C_6）
		初级生产力水平（C_7）
		物种多样性（C_8）
		水体富营养化程度（C_9）
		水质（C_{10}）
	响应系统（B_3）	物质生活指数（C_{11}）
		湿地面积变化比例（C_{12}）
		相关政策法规的制定、执行力度，以及湿地管理水平（C_{13}）
		湿地保护意识（C_{14}）

4　数据来源及指标诠释

4.1　实测数据来源及对应指标诠释

4.1.1　土壤有机质含量（C_3）

土壤有机质含量（C_3）：属于状态系统指标的范畴，反映湿地公园的土壤营养状况。

由图 7-2 可知，通过对实地调查的湿地土样进行有机质含量的测定，以及数据分析，得出调查区域内 150 个样方土样的土壤有机质含量介于 3.08% ~ 23.65%之间，变异系数 Cv = 0.21，平均值为 6.42%。

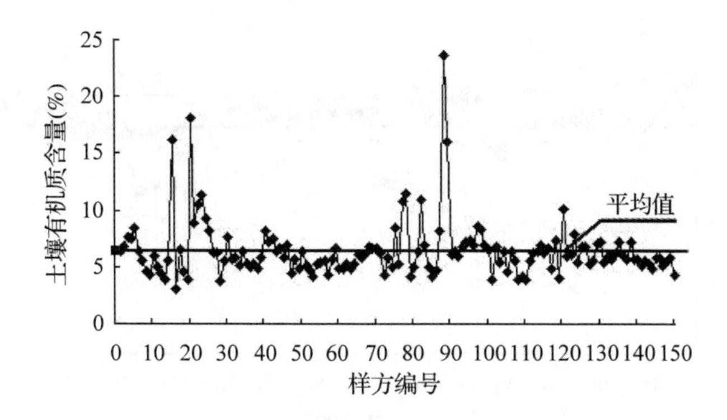

图 7-2　长治湿地公园的土壤有机质含量

Fig. 7-2 Soil organic matter content of Changzhi Wetland Park

4.1.2　土壤含盐量(C_4)

土壤含盐量(C_4)：属于状态系统指标的范畴，反映了湿地公园的土壤所含盐分的百分比。

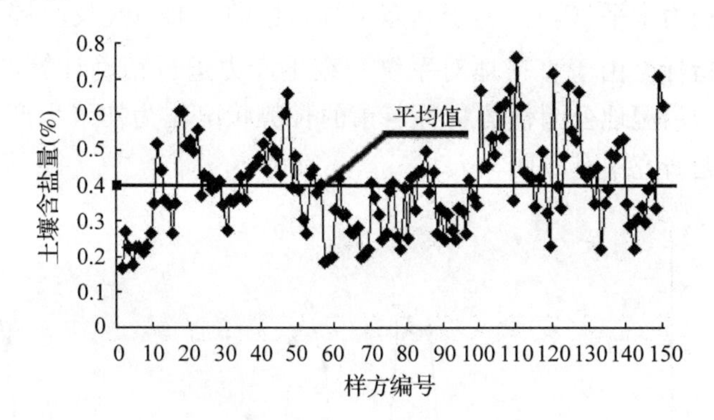

图 7-3　长治湿地公园土壤含盐量

Fig. 7-3 Soil salinity of Changzhi Wetland Park

由图 7-3 可知，通过对实地调查的湿地土样进行含盐量的测定，以及数据分析，得出长治湿地公园的 150 个样方的土壤含盐量介于 0. 17%~0. 76% 之间，变异系数 Cv =0. 27，平均值为 0. 40% 。

4.1.3　土壤 pH(C_5)

土壤 pH(C_5)：属于状态系统指标的范畴，反映了湿地土壤的酸碱度。

由图 7-4 可知，通过对实地调查的湿地土样进行 pH 值的测定，以及数据分析，得出了调查区域内土样的 150 个样方的土壤 pH 值介于 6. 65 ~8. 19 之

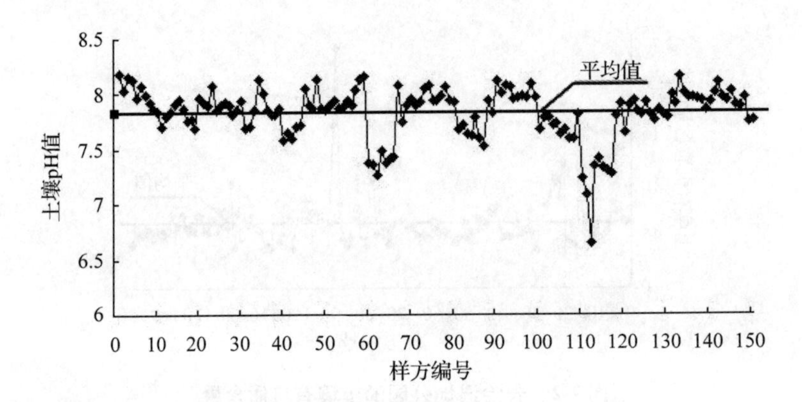

图 7-4 长治湿地公园土壤 pH 值

Fig. 7-4 Soil pH of Changzhi Wetland Park

间，变异系数 Cv = 0.23，平均值为 7.83。

4.1.4 初级生产力水平(C_7)

初级生产力水平(C_7)：属于状态系统指标的范畴，是反映湿地生态系统活力的一项指标。由于直接地对系统初级生产力进行精确计算的难度较大，本研究采用长治湿地公园优势物种芦苇的长势状况作为初级生产力指标，在国内相似问题研究中有应用。

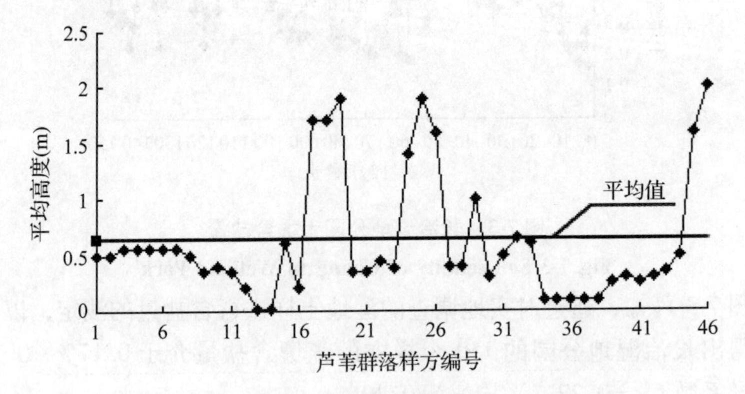

图 7-5 长治湿地公园芦苇群落样方平均高度变化

Fig. 7-5 Changes of the Phragmites communis sample's average height of Changzhi Wetland Park

如图 7-5 所示，通过对实地调查芦苇群落样方(46 个)内的芦苇高度的测量，以及数据分析，得出了调查区域内芦苇群落样方的平均高度变化范围为 0.5m ~ 2.0m，变异系数 C_V = 0.34，平均高度为 0.64m。

4.1.5　物种多样性(C_8)

物种多样性(C_8)：属于状态系统指标的范畴，以实地调查湿地公园的150个样方的植物种类占整个生物地理区湿地植物种类的百分比状况来衡量。

对长治湿地公园的实地调查结果显示，150个样方共记录了28种植物(表7-3)，种类构成多以草本植物为主。前面介绍研究区概况时已经提到，据相关文献记载，长治湿地植物种类共217种。因此，通过计算可知，在长治湿地公园所调查的150个样方的植物种类占湿地公园植物种类的百分比为12.91%。

表7-3　长治湿地公园植物资源调查统计表

Tab. 7-3 Plant resources statistics in Changzhi Wetland Park

序号	植物名称	拉丁名	科	属
1	芦苇	*Phragmites australis*	禾本科	芦苇属
2	香蒲	*Typha orientalis* Presl.	香蒲科	香蒲属
3	泽泻	*Alisma plantago - aquatica*	泽泻科	泽泻属
4	早熟禾	*Poaannua* L.	禾本科	早熟禾属
5	苍耳	*Xanthium sibiricum*	菊科	苍耳属
6	苜蓿	*Medicago sativa* Linn	豆科	苜蓿属
7	荸荠	*Eleocharis dulcis*	莎草科	荸荠属
8	车前	*Plantago asiatica* L.	车前科	车前属
9	菟丝子	*China Dodder*	旋花科	菟丝子属
10	酸模叶蓼	*Polygonum lapathifolium* L.	蓼科	蓼属
11	藨草	*Scirpus triqueter* L.	莎草科	藨草属
12	两栖蓼	*Polygonum amphibium* L.	蓼科	蓼属
13	柳树幼苗	*Salix babylonica*	杨柳科	柳属
14	朝天委陵菜	*Potentilla supina* L.	蔷薇科	委陵菜属
15	水芹	*Oenanthe clecumbens*	伞形科	水芹菜属
16	狗尾草	*Setaira viridis*(L.)Beauv	禾本科	狗尾草属
17	慈姑	*Sagittaria sagittifolia*	泽泻科	慈姑属
18	双穗雀稗	*Paspalum distichum* L.	禾本科	雀稗属
19	毛茛	*Ranunculus japonicus* Thunb.	毛茛科	毛茛属
20	薄荷	*Herba Menthae*	唇形科	薄荷属
21	苦苣	*Cichorium endivia*	菊科	菊苣属
22	红蓼	*Polygonum orientale* Linn	蓼科	蓼属
23	节节草	*Equisetum ramosissimum* Desf	木贼科	木贼属
24	香薷	*Chinese mosla*	唇形科	香薷属

（续）

序号	植物名称	拉丁名	科	属
25	扁蓄	*Polygonumaviculare* L.	蓼科	扁蓄属
26	飞蓬	*Erigeron acer* L.	菊科	飞蓬属
27	牛鞭草	*Hemarthria altissima*（Poir.）Stapf et C. E. Hubb.	禾本科	牛鞭草属
28	茵草	*Beckmannia syzigachne*（Steud.）Fern.	禾本科	茵草属

4.1.6 湿地保护意识（C_{14}）

湿地保护意识（C_{14}）：属于响应系统指标的范畴，以具有湿地保护意识的人员占总人口的比例来计算。

本研究运用调查问卷的方法，首先是调查问卷内容的选取，围绕人们对于湿地重要性的认识及途径主要调查了 6 个方面的问题。

对长治湿地公园周边的村民以及路过的行人随机发放调查问卷 500 份，采用抽样调查法，调查当地居民对长治湿地公园的保护意识。本次调查问卷的回收率相对较高，500 份问卷排除不答、胡答和漏答以外，有效问卷 440 份，回收率在 67% 以上，调查问卷完全有效，调查问卷统计结果如图 7-6 所示。

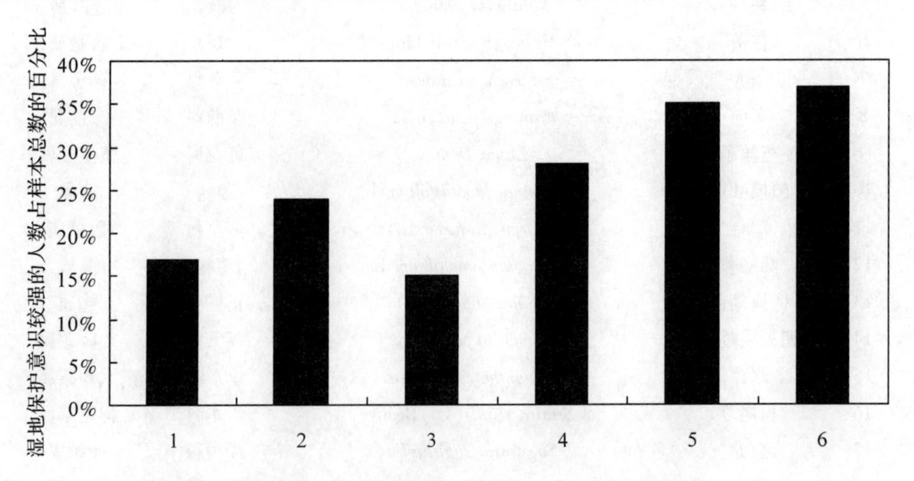

图 7-6 湿地保护意识较强的人数占样本总数的百分比

Fig. 7-6 Strong awareness of wetland protection accounted for a percentage of the total number of samples

注：1 表示第①题的选择多于 2 项；2 表示第②题的选择多于 3 项；3 表示第③题的选择多于 2 项；4 表示第④题的选择多于 3 项；5 表示第⑤题的选择为 A；6 表示第⑥题的选择为 A。

（1）对于湿地的范畴，约有 17% 的公众选择了 2 个以上选项，对于海滩、水库、水稻田、鱼塘等，大部分公众认识不清。

(2)对于湿地的作用，约有24%的公众选择了3个以上选项，对于湿地提供的休闲娱乐、固持土壤、传承民俗文化等功能，只有一小部分公众有所了解。

(3)关于哪些活动可能危害湿地，约有15%的公众选择了2个以上选项。

(4)对于湿地生态环境保护知识，约有28%的公众选择了3个以上选项，大部分公众是通过电视、报道对"湿地"的概念有所了解，但认知程度不深。

(5)关于公众对"政府与非政府部门携手共建湿地生态保护区，是否更利于保护湿地生态"的看法，约有35%的公众选择了A选项，说明一部分公众还是比较支持携手共建湿地生态保护区的做法。

(6)关于是否会"积极响应国家的环保政策，参与到环保的行动中"，约有37%的公众选择了A选项，说明一部分公众愿意响应国家的号召，积极参与湿地保护的活动。

综上所述，约有20%~30%的公民具有湿地保护意识。

4.1.7　河岸及河床优势性植物覆盖率(C_6)

河岸及河床优势性植物覆盖率(C_6)：属于状态系统指标的范畴，计算方法是利用优势性植物的生长面积占整个湿地面积的比例来衡量。

实地调查结果显示，芦苇是长治湿地公园的优势性植物。调查区域内设定的2#~5#样带均为芦苇群落，分别位于湿地公园的中部和西部。芦苇的生长面积计算，通过测定芦苇离水面的水平距离的长度，有芦苇生长的沿湿地水面长度，两者的乘积，结果为1500 hm^2左右，占长治湿地公园区域总面积的13%左右。

4.2　间接数据来源及对应指标诠释

4.2.1　人口密度(C_2)

人口密度(C_2)：属于压力系统指标的范畴，以单位面积土地上居住的人口数表示，单位为人/km^2。根据长治统计年鉴2010，人口密度为235人/km^2。

4.2.2　物质生活指数(C_{11})

物质生活指数(C_{11})：属于响应系统指标的范畴，以人均收入水平统计，单位为元/a。根据长治统计年鉴2010，人均收入水平为4810.11元/a(《长治统计年鉴2010》)。

4.2.3　水体富营养化程度(C_9)

水体富营养化程度(C_9)：属于状态系统指标的范畴，以水体营养状态指数所属类别来表示。据刘瑞祥等(2005)的调查结果显示，2005 年漳泽水库水体为中—富营养型，有向富营养型过渡的趋势。

4.2.4　水质(C_{10})

水质(C_{10})：属于状态系统指标的范畴，从质量水平反映湿地系统的水文性状。根据陈启斌和樊贵盛(2011)的水质监测数据(表 7-4)可知，按 TN、TP 含量判别，水质类别分别为劣Ⅴ类和Ⅴ类；按 DO、COD_{Mn}、BOD_5、COD 含量判别，水质类别皆达到或高于Ⅲ类水质标准。因此，库区水体水质总体评价为劣Ⅴ类。

表 7-4　2006 年 9 月至 2007 年 9 月漳泽水库水质监测结果(陈启斌等，2011)

Tab. 7-4 Water quality monitoring results of Zhangze reservoir from September 2006 to September 2007

监测项目	样品总数(个)	最小值(mg/L)	最大值(mg/L)	平均值(mg/L)	超标点次	超标率(%)	水质类别
DO	225	5.70	12.58	8.00	0	0	Ⅰ
COD_{Mn}	225	3.26	4.63	4.01	0	0	Ⅲ
BOD_5	225	1.10	2.83	1.75	0	0	Ⅰ
COD	225	5.80	27.32	11.66	31	13.8	Ⅰ
NH_3-N	225	0.28	1.20	0.75	50	22.2	Ⅲ
TN	225	1.33	3.70	2.64	225	100	劣Ⅴ
TP	225	0.04	0.41	0.20	192	85.3	Ⅴ

4.2.5　人类干扰程度(C_1)

人类干扰程度(C_1)：属于压力系统指标的范畴，以湿地受胁迫的状况来表示。据长治湿地公园管理处的相关工作人员所收集的资料显示：自 2009 年封闭保护至 2012 年 7 月调查的这个时期内，湿地受胁迫状况属于健康状态，区域内有割草、渔猎现象，但很适宜，无垦殖、捡鸟蛋等现象。

4.2.6　湿地面积变化比例(C_{12})

湿地面积变化比例(C_{12})：属于响应系统指标的范畴，用退化湿地面积占现有湿地面积百分比来表示。

查阅相关文献的调查结果，从表 7-5 可以看出，1986 ~ 2000 年内长治湿地公园的总面积没有变化。

表7-5 长治湿地1986~2000年变化趋势(孙利青，2010)

Tab. 7-5 The trend of Changzhi wetlands during the year of 1982~2000

	1986	2000	涨幅
湿地总面积(hm^2)	13357	12418	-7.03%
天然湿地总面积(hm^2)	5799	5431	-6.35%
滩涂总面积(hm^2)	13302	12363	-7.06%
人工湿地总面积(hm^2)	5456	5456	0

4.2.7 相关政策法规的制定、执行力度，以及湿地管理水平(C_{13})

相关政策法规的制定、执行力度，以及湿地管理水平(C_{13})：属于响应系统指标的范畴，采用定性的指标来衡量。以接受到相关政策法规的人员占总人口的比例统计，以及湿地管理队伍的整体水平来衡量。

为保护好长治湿地公园，借鉴国内大型湿地管理经验，长治市政府成立了长治湿地保护工作领导组，协调涉及区(县)、乡(镇)、村庄的行政事务，负责湿地重大事项及重大项目的审批。长治市国家城市湿地公园管理处作为湿地保护与管理的主管单位，具体负责湿地保护、管理、利用、监管、科普、资源监测、日常管护、经营及一般项目的审核、上报等工作。

2007年被国家批准设立的长治国家城市湿地公园使当地的湿地保护更具可操作性，但一度的开发也与保护形成了巨大的反差。着力于全面保护湿地，长治市果断停止了区域内的开发项目，并制定出台了《长治国家城市湿地公园保护管理办法》、《长治国家城市湿地公园管理机制运行方案》等地方法规，颁布政府令对长治国家城市湿地公园核心区进行封闭保护。同时，聘请了国内知名专家对湿地公园进行了高标准的规划设计。

5 长治湿地公园综合评价结果

5.1 层次分析方法确定指标权重

本研究采用层次分析法(analytic hierarchy process，简称AHP)确定各系统指标权重，并根据长治湿地公园的实际情况做了部分调整。根据层次分析法专业软件Yaahp V6.0版，首先构建长治湿地公园生态系统健康评价体系的层次结构模型(如图7-7所示)，其次建立判断矩阵并判断矩阵一致性，结果见表7-6至表7-9。

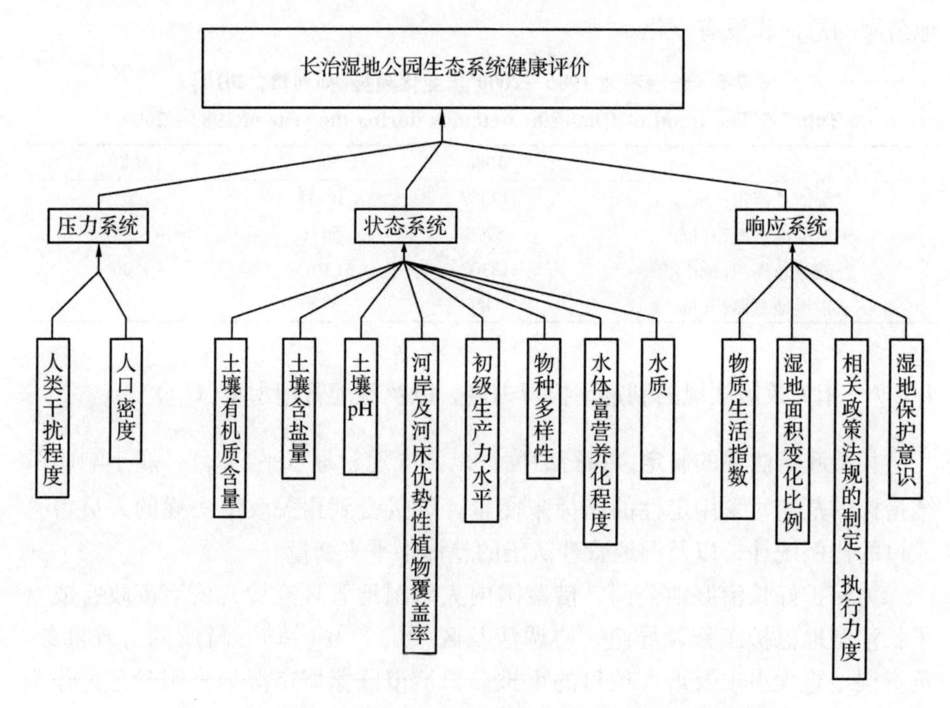

图 7-7　长治湿地公园生态系统健康评价体系的层次结构模型

Fig. 7-7 Hierarchical model of the index system of ecosystem health assessment of Changzhi Wetland Park

表 7-6　长治湿地公园生态系统判断矩阵及指标权重

Tab. 7-6 The matrix and weight of indexes of ecosystem health assessment of Changzhi Wetland Park

长治湿地公园生态系统健康评价	压力系统	状态系统	响应系统	Wi
压力系统	1	1/4	1/3	0. 1220
状态系统	4	1	2	0. 5584
响应系统	3	1/2	1	0. 3196
权重	0. 1220	0. 5584	0. 3196	

注：判断矩阵一致性比例：0. 0176；对总目标的权重：1. 0000。

表 7-7　压力系统判断矩阵及指标权重

Tab. 7-7 The matrix and weight of indexes of pressure system

压力系统	C_1	C_2	Wi
C_1	1	6	0. 8571
C_2	1/6	1	0. 1429
权重	0. 1045	0. 0174	

注：判断矩阵一致性比例：0. 0000；对总目标的权重：0. 1220。

表7-8　状态系统判断矩阵及指标权重

Tab. 7-8 The matrix and weight of indexes of state system

状态系统	C_3	C_4	C_5	C_6	C_7	C_8	C_9	C_{10}	Wi
C_3	1	1	1/3	2	1/2	1/2	1/5	1/7	0.0489
C_4	1	1	4	3	1/2	1/3	1/3	1/4	0.0763
C_5	3	1/4	1	3	1	1/3	1/4	1/9	0.0589
C_6	1/2	1/3	1/3	1	1/3	1/2	1/5	1/4	0.0366
C_7	2	2	1	3	1	2	1/4	1/4	0.1005
C_8	2	3	3	2	1/2	1	1/2	1/4	0.1057
C_9	5	3	4	5	4	2	1	1	0.2526
C_{10}	7	4	9	4	4	1	1	1	0.3206
权重	0.0273	0.0426	0.0329	0.0204	0.0561	0.0590	0.1411	0.1790	

注：判断矩阵一致性比例：0.0857；对总目标的权重：0.5584。

表7-9　响应系统判断矩阵及指标权重

Tab. 7-9 The matrix and weight of indexes of response system

响应系统	C_{11}	C_{12}	C_{13}	C_{14}	Wi
C_{11}	1	1/3	1/5	1/2	0.0952
C_{12}	3	1	1	2	0.3487
C_{13}	5	1	1	1	0.3332
C_{14}	2	1/2	1	1	0.2228
权重	0.0304	0.1115	0.1065	0.0712	

注：判断矩阵一致性比例：0.0415；对总目标的权重：0.3196。

根据层次分析法专业软件(Yaahp V6.0)确定各项评价指标的权重，综合分析结果见表7-10。

表7-10　各项评价指标的权重及排序

Tab. 7-10 Weight of each evaluation index and its order

评价指标	B_1	B_2	B_3	权重	排序
	0.1220	0.5584	0.3196		
C_1	0.8571			0.1045	5
C_2	0.1429			0.0174	14
C_3		0.0489		0.0273	12
C_4		0.0763		0.0426	9
C_5		0.0589		0.0329	10
C_6		0.0366		0.0204	13
C_7		0.1005		0.0561	8
C_8		0.1057		0.0590	7
C_9		0.2526		0.1411	2
C_{10}		0.3206		0.1790	1

（续）

评价指标	B_1	B_2	B_3	权重	排序
	0.1220	0.5584	0.3196		
C_{11}			0.0952	0.0304	11
C_{12}			0.3487	0.1115	3
C_{13}			0.3332	0.1065	4
C_{14}			0.2228	0.0712	6

由表7-10可知，水质(C_{10})和水体富营养化程度(C_9)的权重最大，分别为0.1790和0.1411。其次为湿地面积变化比例(C_{12})和相关政策法规的制定、执行力度，以及湿地管理水平(C_{13})，分别为0.1115和0.1065，而人口密度(C_2)的权重最小，仅为0.0174。这表明影响长治湿地公园生态系统健康最主要的因素是水质和水体富营养化程度。

从子系统的层面看，压力系统中权重最大的评价指标是人类干扰程度(C_1)，状态系统中权重最大的评价指标是水质(C_{10})和水体富营养化程度(C_9)，响应系统中权重最大的评价指标是湿地面积变化比例(C_{12})和相关政策法规的制定、执行力度，以及湿地管理水平(C_{13})。因此，压力系统的制约因子是人类干扰程度，状态系统的制约因子是水质和水体富营养化程度，而响应系统的制约因子则是湿地面积变化比例和相关政策法规的制定、执行力度，以及湿地管理水平。

5.2 评价指标体系标准的确定

在长治湿地公园生态系统健康评价中，参考国内其他区域相关研究的划分标准，制定评价标准。本研究在评价长治湿地公园生态系统健康时，划分为5级标准(崔保山和杨志峰，2002；何池全等，2001)(表7-11)。

表7-11 长治湿地公园生态系统健康评价指标分级标准

Tab. 7-11 Grading standards of ecosystem health assessment indexes of Changzhi Wetland Park

指标	级别				
	很健康	健康	较健康	一般病态	疾病
C_1人类干扰程度	无过度捡鸟蛋、割草、垦殖、渔猎等现象	*有割草、渔猎现象，但很适宜，无垦殖、捡鸟蛋等现象*	过度割草、渔猎，但无垦殖、捡鸟蛋等现象	割草、渔猎强度大，捡鸟蛋、垦殖等现象严重	过度割草、渔猎、垦殖、捡鸟蛋

（续）

指标	级别				
	很健康	健康	较健康	一般病态	疾病
C_2人口密度	<100	***100~250***	250~400	400~600	>600
C_3土壤有机质含量	***>5%***	4%~5%	3%~4%	2%~3%	<2%
C_4土壤含盐量	<0.5%	***0.5%~1.0%***	1.0%~1.5%	1.5%~2.0%	>2.0%
C_5土壤pH	7	7~7.5&6.5~7	***7.5~8&6~6.5***	8~8.5&5.5~6	>8.5&<5.5
C_6河岸及河床边缘优势性植物覆盖率	>40%	30%~40%	20%~30%	***10%~20%***	<10%
C_7初级生产力水平	芦苇生长平均高度>2.2m	芦苇生长平均高度为1.8~2.2m	芦苇生长平均高度为1.4~1.8m	芦苇生长平均高度为1.0~1.4m	***芦苇生长平均高度<1.0m***
C_8物种多样性	>40%	30%~40%	20%~30%	***10%~20%***	<10%
C_9水体富营养化程度	贫-中	***中-富***	富	重富	严重富
C_{10}水质	I	II	III	IV	***V或劣V***
C_{11}物质生活指数	***>4500***	4000~4500	3000~4000	2000~3000	<2000
C_{12}湿地面积变化比例	***<2***	2~4	4~6	6~8	>8
C_{13}相关政策法规的制定、执行力度，以及湿地管理水平	全面贯彻，积极落实，管理机构合理，人员素质高，人员配置科学	***比较认真地贯彻了应有的政策法规，管理机构较合理，人员素质较高***	部分政策法规得到落实、贯彻，有相应的管理机构，但管理人员缺乏必要的培训	简单对付，不认真对待，人员素质不高，管理不善	完全搁置，管理落后，水平低下或没有完整的管机构
C_{14}湿地保护意识	>40%	30%~40%	***20%~30%***	10%~20%	<10%

注：表中斜体、加粗的部分为长治湿地公园各项评价指标所属的级别相对应的表现。

根据实测数据来源和间接数据来源，结合指标分级标准(表7-11)可以看出，各个子系统的单项指标所属等级如下：

压力系统中，人类干扰程度(C_1)所属的级别为健康；人口密度(C_2)的值为230人/km^2，介于100~250人/km^2之间，故其所属等级为健康。

状态系统中，土壤有机质含量(C_3)的平均值为6.42%，大于5%，故其所属等级为很健康；土壤含盐量(C_4)的平均值为0.40%，介于0.5%~1.0%之间，故其所属等级为健康；土壤pH(C_5)的平均值为7.83，介于7.5~8之间，故其所属等级为较健康；河岸及河床优势性植物覆盖率(C_6)的值为13.33%，介于10%~20%之间，故其所属等级为一般病态；初级生产力水平(C_7)即芦苇的平均高度，实测结果为0.64m，小于1.0m，故其所属等级为疾病；物种多样性(C_8)即实地调查湿地公园的150个样方的植物种类占整个生物地理区湿地植物种类的百分比，计算结果为12.91%，介于10%~20%之间，故其所属等级为一般病态；水体富营养化程度(C_9)的数据结果为中—富营养型，故其所属等级为健康；水质(C_{10})的类别为劣V类，故其所属等级为疾病。

响应系统中，物质生活指数(C_{11})即人均收入水平，其值为4810元/年，大于4500元/a，故其所属等级为很健康；湿地面积变化比例(C_{12})以现有湿地面积内退化湿地面积的百分比来表示，因其湿地面积无变化，即湿地面积变化比例为1，小于2，故其所属等级为很健康；相关政策法规的制定、执行力度，以及湿地管理水平(C_{13})的调查结果显示，当地相关部门比较认真地贯彻了应有的政策法规，管理机构较合理，人员素质较高，故其所属等级为健康；湿地保护意识(C_{14})的调查问卷结果显示，约有20%~30%的公民的具有湿地保护意识，故其所属等级为较健康。

5.3 综合评价

5.3.1 湿地健康生态系统健康分级标准

确定健康生态系统标准是湿地生态系统健康评价研究的关键所在。参照相关研究成果(何池全，2001)，由综合评价指数(comprehensive evaluation index，CEI)来判断湿地系统所处的健康状态，将长治湿地公园生态系统健康分为5级(表7-12)。这些指标的优劣往往是一个笼统或模糊的概念，因此，很难对它们的实际数值进行直接比较。为了简便明了且易于计算，首先对它们的实际数值进行五级划分，然后根据它们对湿地生态系统健康影响的大小及相关关系，对每级给定标准化分值，取值设定在0~1之间。

表 7-12　湿地生态系统健康状况分级标准

Tab. 7-12 Grading standards of the condition of the wetland ecosystem health

CEI	等级	生态系统健康状况
>0.8	I(很健康)	湿地生态系统活力极强，结构合理，功能完善，系统极稳定。
0.6~0.8	II(健康)	湿地生态系统活力比较强，结构比较合理，功能较完善，系统尚稳定。
0.4~0.6	III(较健康)	湿地生态系统具有一定的活力，结构合理，功能水平有一定的退化，生态系统尚可维持。
0.2~0.4	IV(一般病态)	湿地生态系统活力较低，结构破碎，功能水平很大的变化，对外界的干扰响应迅速。
<0.2	V(疾病)	湿地生态系统活力极低，结构破碎，功能大部分丧失，生态系统已经严重恶化。

5.3.2　各项评价指标的量化分值

将表 7-11 各项评价指标所属等级的分析结果，结合湿地生态系统健康状况分级标准(表 7-12)，可以得出各项评价指标的量化分值，见表 7-13。

表 7-13　各项评价指标的量化分值

Tab. 7-13 Quantitative score of each evaluation index

评价指标	健康级别	量化分值
C_1	健康	0.7
C_2	健康	0.7
C_3	很健康	0.9
C_4	健康	0.7
C_5	较健康	0.5
C_6	一般病态	0.3
C_7	疾病	0.1
C_8	一般病态	0.3
C_9	健康	0.7
C_{10}	疾病	0.1
C_{11}	很健康	0.9
C_{12}	很健康	0.9
C_{13}	健康	0.7
C_{14}	较健康	0.5

5.3.3　综合评价结果及分析

综合性指标评价的计算模型如下：

$$X = \sum_{i=1}^{n} W_i \times X_i$$

式中，X 为被评价对象得到的综合评价值，W_i 为第 i 评价指标的权重，X_i 为第 i 指标标准化后的值，n 为评价指标个数。

根据上述计算模型，以及各项指标的权重和量化分值(表 7-13)，即可计算出长治湿地公园的综合健康指数以及各子系统的健康指数(表 7-14)。

表 7-14　各项指标的权重和量化分值

Tab. 7-14 Weights and quantitative score of each evaluation index

评价指标	B_1	B_2	B_3	权重	量化分值
	0.1220	0.5584	0.3196		
C_1	0.8571			0.1045	0.7
C_2	0.1429			0.0174	0.7
C_3		0.0489		0.0273	0.9
C_4		0.0763		0.0426	0.7
C_5		0.0589		0.0329	0.5
C_6		0.0366		0.0204	0.3
C_7		0.1005		0.0561	0.1
C_8		0.1057		0.0590	0.3
C_9		0.2526		0.1411	0.7
C_{10}		0.3206		0.1790	0.1
C_{11}			0.0952	0.0304	0.9
C_{12}			0.3487	0.1115	0.9
C_{13}			0.3332	0.1065	0.7
C_{14}			0.2228	0.0712	0.5

由表 7-15 可知，长治湿地公园生态系统的综合健康评价指数为 0.5402，判定长治湿地公园的生态系统健康状况属于较健康的级别，即长治湿地公园的生态系统具有一定的活力，结构合理，功能水平有一定的退化，生态系统尚可维持。压力系统的健康指数为 0.7000，属于健康级别，说明人类生产活动对长治湿地公园的生态系统健康影响较小；状态系统的健康指数为 0.3885，属于一般病态级别，说明湿地的生态环境活力较低，生态功能发生了很大的变化；响应系统的健康指数为 0.7442，属于健康级别，说明相关的管理部门对湿地采取的封育措施，使长治湿地公园得到了有效的保护。

表 7-15　长治湿地公园生态系统健康评价指数

Tab. 7-15 Ecosystem health assessment index of Changzhi Wetland Park

子系统	健康指数	权重	综合健康指数
压力系统 B_1	0.7000	0.1220	
状态系统 B_2	0.3885	0.5584	0.5402
响应系统 B_3	0.7442	0.3196	

从子系统的层面来看，3个子系统中权重最大的评价指标分别是：人类干扰程度(C_1)、水质(C_{10})、湿地面积变化比例(C_{12})。因此，对于长治湿地公园来说，人类干扰程度是外界压力对其生态系统健康状况影响的决定性因素，水质的类别是其最主要的生态特征，湿地面积变化比例是其对人类干扰的响应的主要表现。

本研究针对长治湿地公园的生态系统现状，提出一些保护与恢复建议：建立湿地生态补偿机制；加快湿地破坏植被的恢复与重建；对于割草、渔猎等现象，以及周边村民的生活污水、工农业废水的排放量，政府及相关管理部门必须予以严格控制与监管；加大对湿地生态功能的宣传力度，提高全民的湿地保护意识。

6　主要结论

(1)通过对长治湿地公园的样地调查，以及对采集的土壤样品和植物相关指标的测定，获取了能够反映长治湿地公园生态特征相关指标的数据。其中包括：土壤有机质含量介于3.08%~23.65%之间，平均值为6.42%；土壤含盐量介于0.17%~0.76%之间，平均值为0.40%；土壤pH值介于6.65~8.19之间，平均值为7.83；优势性植物芦苇的平均高度为0.64m，其覆盖率为13.33%。

(2)根据城市湿地公园指标体系构建的依据和指标选取的原则，结合长治湿地公园的生态实际，利用压力－状态－响应(PSR)模型，构建了长治湿地公园的生态系统健康评价指标体系，为城市湿地公园生态系统健康评价指标体系的建立提供了可参考的范例。

(3)利用层次分析法专业软件(Yaahp V6.0)确定系统指标的权重，再结合相应的指标评价标准，运用综合指数法和综合评价模型进行计算。结果表明：长治湿地公园生态系统健康指数为0.5402，所属级别为较健康；压力系统的健康指数为0.7000，属于健康级别；状态系统的健康指数为0.3885，属于一般病态级别；响应系统的健康指数为0.7442，属于健康级别。

参考文献

Aber J D, Nadelhoffer K J, Steudler P, et al. Nitrogen saturation in northern forest ecosystems[J]. BioScience, 1989, 39(6): 378~386.

Adams MA, Attiwill PM. Nutrient cycling and nitrogen mineralization in eucalypt forests of south－eastern Australta. II. Indices of nitrogen mineralization [J]. Plant and Soil, 1986, .92: 341~362.

Aerts R. Climate, leaf litter chemistry and leaf litter decomposition in terrestrial ecosystems: a triangular relationship[J]. Oikos, 1997: 439~449.

Amato, M. and Ladd J N. Decomposition of 14C: －labelled glucose and legume material in properties influencing the accumulation of organic residue C and microbial biomass C[J]. Soil Biochem. 1992, (24): 455~464.

Arunachalam A, Maithani K, Pandey H N, et al. Leaf litter decomposition and nutrient mineralization patterns in regrowing stands of a humid subtropical forest after tree cutting[J]. Forest Ecology and Management, 1998, 109(1): 151~161.

Barsdate R J, Alexander V. The nitrogen balance of arctic tundra: pathways, rates, and environmental implications[J]. Journal of environmental quality, 1975, 4(1): 111~117.

Batjes N H, Sombroek W G. Possibilities for carbon sequestration in tropical and subtropical soils [J]. Global Change Biology, 1997, 3(2): 161~173.

Batjes N H, Dijkshoorn J A. Carbon and nitrogen stocks in the soils of the Amazon Region[J]. Geoderma, 1999, 89(3): 273~286.

Batjes N H, Sombroek W G. Possibilities for carbon sequestration in tropical and subtropical soils [J]. Global Change Biology, 1997, 3(2): 161~173.

Batjes N H. Total carbon and nitrogen in the soils of the world[J]. European journal of soil science, 1996, 47(2): 151~163.

Belnap J. The world at your feet: desert biological soil crusts[J]. Frontiers in Ecology and the Environment, 2003, 1(4): 181~189.

Bengtsson G, Bengtson P, Månsson K F. Gross nitrogen mineralization－, immobilization－, and nitrification rates as a function of soil C/N ratio and microbial activity[J]. Soil Biology and Biochemistry, 2003, 35(1): 143~154.

Bennett J N, Blevins L L, Barker J E, et al. Increases in tree growth and nutrient supply still apparent 10 to 13 years following fertilization and vegetation control of salal－dominated cedar hemlock stands on Vancouver Island[J]. Canadian Journal of Forest Research, 2003, 33(8): 1516 ~ 1524.

Bernhard – Reversat F. Soil nitrogen mineralization under a Eucalyptus plantation and a natural Acacia forest in Senegal[J]. Forest Ecology and Management, 1988, 23(4): 233 ~ 244.

Bernoux M, Arrouays D, Cerri C C, et al. Modeling vertical distribution of carbon in oxisols of the western Brazilian Amazon (Rondonia)[J]. Soil Science, 1998, 163(12): 941 ~ 951.

Biedenbender S H, McClaran M P, Quade J, et al. Landscape patterns of vegetation change indicated by soil carbon isotope composition[J]. Geoderma, 2004, 119(1): 69 ~ 83.

Biederbeck V O, Janzen H H, Campbell C A, et al. Labile soil organic matter as influenced by cropping practices in an arid environment[J]. Soil Biology and Biochemistry, 1994, 26(12): 1647 ~ 1656.

Birdsey R A, Plantinga A J, Heath L S. Past and prospective carbon storage in United States forests [J]. Forest Ecology and Management, 1993, 58(1): 33 ~ 40.

Boone R D. Light – fraction soil organic matter: origin and contribution to net nitrogen mineralization[J]. Soil Biology and Biochemistry, 1994, 26(11): 1459 ~ 1468.

Bosatta E, Agren G I. Dynamics of carbon and nitrogen in the organic matter of the soil: a generic theory[J]. American Naturalist, 1991: 227 ~ 245.

Bowden W B. Gaseous nitrogen emmissions from undisturbed terrestrial ecosystems: An assessment of their impacts on local and global nitrogen budgets[J]. Biogeochemistry, 1986, 2(3): 249 ~ 279.

Bremer E, Kuikman P. Influence of competition for nitrogen in soil on net mineralization of nitrogen [J]. Plant and soil, 1997, 190(1): 119 ~ 126.

Breshears D D, Allen C D. The importance of rapid, disturbance - induced losses in carbon management and sequestration[J]. Global Ecology and Biogeography, 2002, 11(1): 1 ~ 5.

Burton A J, Pregitzer K S, Hendrick R L. Relationships between fine root dynamics and nitrogen availability in Michigan northern hardwood forests[J]. Oecologia, 2000, 125(3): 389 ~ 399.

Burton A J, Pregitzer K S, Zogg G P, et al. Drought reduces root respiration in sugar maple forests [J]. Ecological Applications, 1998, 8(3): 771 ~ 778.

Cairns M A, Brown S, Helmer E H, et al. Root biomass allocation in the world's upland forests [J]. Oecologia, 1997, 111(1): 1 ~ 11.

Conant R T, Six J, Paustian K. Land use effects on soil carbon fractions in the southeastern United States. I. Management – intensive versus extensive grazing[J]. Biology and Fertility of Soils, 2003, 38(6): 386 ~ 392.

Cui B S, Yang Z F. Research review on wetland ecosystem health. Chinese Journal of Ecology, 2001, 20(3): 31 ~ 36.

Davidson E A, Trumbore S E, Amundson R. Biogeochemistry: soil warming and organic carbon content[J]. Nature, 2000, 408(6814): 789 ~ 790.

Davidsson T E, Stahl M. The influence of Organic carbon on nitrogen transformations in five wetland soils[J]. Soil Science Society of American Journal, 2000, 64: 1129 ~ 1136.

De Neve S, Hofman G. Influence of soil compaction on carbon and nitrogen mineralization of soil organic matter and crop residues[J]. Biology and Fertility of Soils, 2000, 30(5 ~ 6): 544 ~ 549.

Douglas - fir at sites differing in soil nitrogen capital[J]. Ecology, 2000, 81(7), 1878 ~ 1886.

DeLuca T H, Zackrisson O, Nilsson M C, et al. Quantifying nitrogen - fixation in feather moss carpets of boreal forests[J]. Nature, 2002, 419(6910): 917 ~ 920.

Elzein A, Balesdent J. Mechanistic simulation of vertical distribution of carbon concentrations and residence times in soils[J]. Soil Science Society of America Journal, 1995, 59(5): 1328 ~ 1335.

Epstein H E, Burke I C, Lauenroth W K. Regional patterns of decomposition and primary production rates in the US Great plains[J]. Ecology, 2002, 83(2): 320 ~ 327.

Evans R D, Ehleringer J R. A break in the nitrogen cycle of arid lands: evidence from δ^{p15} N of soils [J]. Oecologia, 1993, 94: 314 ~ 317.

Evans R D, Ehleringer J R. A break in the nitrogen cycle in aridlands? Evidence from δp15N of soils[J]. Oecologia, 1993, 94(3): 314 ~ 317.

Fang C, Smith P, Moncrieff J B, et al. Similar response of labile and resistant soil organic matter pools to changes in temperature[J]. Nature, 2005, 433(7021): 57 ~ 59.

Fearnside P M, Imbrozio B R. Soil carbon changes from conversion of forest to pasture in Brazilian Amazonia[J]. Forest Ecology and Management, 1998, 108(1): 147 ~ 166.

Fehse J, Hofstede R, Aguirre N, et al. High altitude tropical secondary forests: a competitive carbon sink? [J]. Forest Ecology and Management, 2002, 163(1): 9 ~ 25.

Ferris H, Venette R C, Van Der Meulen H R, et al. Nitrogen mineralization by bacterial - feeding nematodes: verification and measurement[J]. Plant and Soil, 1998, 203(2): 159 ~ 171.

Field C B, Fung I Y. The not-so-big US carbon sink[J]. Science, 1999, 285(5427): 544 ~ 545.

Finér L, Mannerkoski H, Piirainen S, et al. Carbon and nitrogen pools in an old - growth, Norway spruce mixed forest in eastern Finland and changes associated with clear - cutting[J]. Forest Ecology and Management, 2003, 174(1): 51 ~ 63.

Finzi A C, Canham C D. Non - additive effects of litter mixtures on net N mineralization in a southern New England forest[J]. Forest Ecology and Management, 1998, 105(1): 129 ~ 136.

Fuhlendorf S D, Zhang H, Tunnell T, et al. Effects of grazing on restoration of southern mixed prairie soils[J]. Restoration Ecology, 2002, 10(2): 401 ~ 407.

Gallardo A. Spatial variability of soil properties in a floodplain forest in northwest Spain[J]. Ecosystems, 2003, 6(6): 564 ~ 576.

Gansert D. Root respiration and its importance for the carbon balance of beech saplings (Fagus sylvatica L.) in a montane beech forest[J]. Plant and Soil, 1994, 167(1): 109 ~ 119.

Gao X J, Hu X F, Wang S P, et al. Nitrogen losses from flooded rice field[J]. Pedosphere, 2002, 12 (2): 151~156.

Garten Jr C T, Post III W M, Hanson P J, et al. Forest soil carbon inventories and dynamics along an elevation gradient in the southern Appalachian Mountains[J]. Biogeochemistry, 1999, 45 (2): 115~145.

Gerke S, Baker L A, Xu Y. Nitrogen transformations in a wetland receiving lagoon effluent: sequential model and implications for water reuse[J]. Water Research, 2001, 35(16): 3857~3866.

Gorham E. Northern peatlands: role in the carbon cycle and probable responses to climatic warming [J]. Ecological applications, 1991, 1(2): 182~195.

Gundersen P, Callesen I, de Vries W. Nitrate leaching in forest ecosystems is controlled by forest floor C/N ratio[J]. Environmental Pollution, 1998, 102: 403~407.

Guo L B, Gifford R M. Soil carbon stocks and land use change: a meta analysis[J]. Global change biology, 2002, 8(4): 345~360.

Hall S J, Matson P A. Nitrogen oxide emissions after nitrogen additions in tropical forests[J]. Nature, 1999, 400(6740): 152~155.

Hall S J, Matson P A. Nutrient status of tropical rain forests influences soil N dynamics after N additions[J]. Ecological Monographs, 2003, 73(1): 107~129.

Hart S C, Perry D A. Transferring soils from high - to low - elevation forests increases nitrogen cycling rates: climate change implications[J]. Global Change Biology, 1999, 5(1): 23~32.

Hassink J, Bouwman L A, Zwart K B, et al. Relationships between soil texture, physical protection of organic matter, soil biota, and C and N mineralization in grassland soils[J]. Geoderma, 1993, 57(1): 105~128.

Houghton J T, Jenkins G J, Ephraums J. Climate change [M]. Cambridge: Cambridge University Press, 1990.

Houghton R A, Hackler J L, Lawrence K T. The US carbon budget: contributions from land – use change[J]. Science, 1999, 285(5427): 574~578.

Hughes R F, Kauffman J B, Jaramillo V J. Ecosystem – scale impacts of deforestation and land use in a humid tropical region of Mexico[J]. Ecological Applications, 2000, 10(2): 515~527.

Hungate B A, Dukes J S, Shaw M R, et al. Nitrogen and climate change[J]. Science, 2003, 302 (5650): 1512~1513.

Ineson P, Benham D G, Poskitt J, et al. Effects of climate change on nitrogen dynamics in upland soils. 2. A soil warming study[J]. Global Change Biology, 1998, 4(2): 153~161.

Insam H. Are the soil microbial biomass and basal respiration governed by the climatic regime? [J]. Soil Biology and Biochemistry, 1990, 22(4): 525~532.

Iseman T M, Zak D R, Holmes W E, et al. Revegetation and nitrate leaching from lake states northern hardwood forests following harvest[J]. Soil Science Society of America Journal, 1999,

63(5): 1424 ~ 1429.

Jackson R B, Canadell J, Ehleringer J R, et al. A global analysis of root distributions for terrestrial biomes[J]. Oecologia, 1996, 108(3): 389 ~ 411.

Jenkinson D S, Adams D E, Wild A. Model estimates of CO_2 emissions from soil in response to global warming[J]. Nature, 1991, 351(6324): 304 ~ 306.

Jennifer PS, Edzo V. Regional variation in soil carbon and $\delta^{13}C$ in forests and pastures of Northeastern Costa Rica [J]. Biogeochemistry, 2005, 72(3): 315 ~ 336.

Jobbágy E G, Jackson R B. The vertical distribution of soil organic carbon and its relation to climate and vegetation[J]. Ecological applications, 2000, 10(2): 423 ~ 436.

Jorgensen J R, Wells C G, Metz L J. Nutrient changes in decomposing loblolly pine forest floor [J]. Soil Science Society of America Journal, 1980, 44(6): 1307 ~ 1314.

Keeney D R. Prediction of soil nitrogen availability in forest ecosystems: a literature review[J]. Forest Science, 1980, 26(1): 159 ~ 171.

Kirkby EA. Plant growth in relation to nitrogen supply [J]. Ecological Bulletins, 1981, 33: 249 ~ 271. Kirkby E A. Plant growth in relation to nitrogen supply[J]. Ecological Bulletins, 1981.

Kirschbaum M U F. The temperature dependence of soil organic matter decomposition, and the effect of global warming on soil organic C storage[J]. Soil Biology and biochemistry, 1995, 27 (6): 753 ~ 760.

Kirschbaum M U F. Will changes in soil organic carbon act as a positive or negative feedback on global warming? [J]. Biogeochemistry, 2000, 48(1): 21 ~ 51.

Klemmedson J O, Rehfuess K E, Makeschin F, et al. Nitrogen Mineralization in Lime - and Gypsum - Amended Substrates From Ameliorated Acid Forest Soils1 [J]. Soil Science, 1989, 147 (1): 55 ~ 63.

Krogh L, Noergaard A, Hemansen M, et al. Preliminary estimates of contemporary soil organic carbon stocks in Denmark using multiple data - sets and four scaling - up methods[J]. Agricultural Ecosystem Environ, 2003, 96: 19 ~ 28.

Kulmatiski A, Vogt D J, Siccama T G, et al. Landscape determinants of soil carbon and nitrogen storage in southern New England[J]. Soil Science Society of America Journal, 2004, 68(6): 2014 ~ 2022.

Kuzyakov Y, Schneckenberger K. Review of estimation of plant rhizodeposition and their contribution to soil organic matter formation[J]. Archives of Agronomy and Soil Science, 2004, 50(1): 115 ~ 132.

Lal R. Forest soils and carbon sequestration[J]. Forest ecology and management, 2005, 220(1): 242 ~ 258.

Lal R. Soil carbon sequestration in China through agricultural intensification and degraded and decertified ecosystems [J]. Land Degrad. Dev, 2002, 13, 469 ~ 478.

Lambers H, Atkin O K, Millenaar F F. Respiratory patterns in roots in relation to their functioning [J]. Plant roots: the hidden half Ed. Y Waisel, A Eshel and U Kafkafi, 1996: 323 ~ 362.

Lambers H, Scheurwater I, Atkin O K. Respiratory patterns in roots in relation to their functioning [M]. In Waisel Y, Eshel A, Kafkafi U, eds. Plant roots: the hidden half. Second edition. Marcel Dekker, New York, USA. 1996, 323 ~ 362.

Langford A O, Fehsenfeld F C. Natural vegetation as a source or sink for atmospheric ammonia: a case study[J]. Science, 1992, 255(5044): 581 ~ 583.

Lloyd J, Taylor J A. On the temperature dependence of soil respiration[J]. Functional ecology, 1994: 315 ~ 323.

Lockaby B G, Jones R H, Clawson R G, et al. Influences of harvesting on functions of floodplain forests associated with low - order, blackwater streams[J]. Forest Ecology and Management, 1997, 90(2): 217 ~ 224.

Lomander A, Kätterer T, Andrén O. Carbon dioxide evolution from top - and subsoil as affected by moisture and constant and fluctuating temperature[J]. Soil Biology and Biochemistry, 1998, 30 (14): 2017 ~ 2022.

Lowrance R, Vellidis G, Hubbard R K. Denitrification in a restored riparian forest wetland[J]. Journal of Environmental Quality, 1995, 24(5): 808 ~ 815.

Luc De Bruyn, Sofie Thys, Jan Scheirs, et al. Effects of vegetation and soil on species diversity of soil dwelling diptera in a feathland dcosystem. *Journal of Insect Conservation*, 2004, 2.

Magill A H, Aber J D, Berntson G M, et al. Long - term nitrogen additions and nitrogen saturation in two temperate forests[J]. Ecosystems, 2000, 3(3): 238 ~ 253.

Mallarino A P. Spatial variability patterns of phosphorus and potassium in no - tilled soils for two sampling scales[J]. Soil Science Society of America Journal, 1996, 60(5): 1473 ~ 1481. .

Martin J F, Reddy K R. Interaction and spatial distribution of wetland nitrogen processes[J]. Ecological Modelling, 1997, 105(1): 1 ~ 21.

Marumoto T, Anderson JPE, Domsch KH. Decomposition of14C - and15N - labelled microbial cells in soil [J]. Soil Biology Biochemistry, 1982, 14: 461 ~ 467.

McGuire A D, Sitch S, Clein J S, et al. Carbon balance of the terrestrial biosphere in the twentieth century: Analyses of CO2, climate and land use effects with four process - based ecosystem models[J]. Global Biogeochemical Cycles, 2001, 15(1): 183 ~ 206.

McLeod A R, Holland M R, Shaw P J A, et al. Enhancement of nitrogen deposition to forest trees exposed to SO2[J]. Nature, 1990, 347(6290): 277 ~ 279.

Mou P U, Mitchell R J, Jones R H. Root distribution of two tree species under a heterogeneous nutrient environment[J]. Journal of Applied Ecology, 1997: 645 ~ 656.

Munger G T, Will R E, Borders B E. Effects of competition control and annual nitrogen fertilization on gas exchange of different - aged Pinus taeda[J]. Canadian Journal of Forest Research, 2003,

33(6): 1076 ~ 1083.

Myrold D D. Relationship between microbial biomass nitrogen and a nitrogen availability index[J]. Soil Science Society of America Journal, 1987, 51(4): 1047 ~ 1049.

Nadelhoffer K J, Emmett B A, Gundersen P, et al. Nitrogen deposition makes a minor contribution to carbon sequestration in temperate forests[J]. Nature, 1999, 398(6723): 145 ~ 148.

Nadelhoffer K J, Giblin A E, Shaver G R, et al. Effects of temperature and substrate quality on element mineralization in six arctic soils[J]. Ecology, 1991, 72(1): 242 ~ 253.

Nakane K, Lee N J. Simulation of soil carbon cycling and carbon balance following clear - cutting in a mid - temperate forest and contribution to the sink of atmospheric CO2 [J]. Vegetatio, 1995, 121(1 ~ 2): 147 ~ 156.

Nelson D W. Gasous losses of nitrogen other than through denitrification . In: *Nitrogen in Agricultural Soils*, edited by Stevenson F J. [C]. American Society of Agronomy, Madison, Wisconsin, 1982, 327 ~ 363.

Parton W J . et al. Modelling soil organic matter dynamics and plant productivity in tropical ecosystem[J]. The Biological Management of Tropical Soil Fertility[J]. Edited by P. L. Woomer and M. J . Swift . A Wiley - Saycc Publication. 1994 , 171 ~ 188.

Paul E A, Clark F E. Soil microbiology and biochemistry [M] . Academic Press Inc. New York. London, 1989: 1 ~ 31, 91 ~ 130.

Paul K I, Polglase P J, Nyakuengama J G, et al. Change in soil carbon following afforestation[J]. Forest ecology and management, 2002, 168(1): 241 ~ 257.

Peikun J. Soil active carbon pool under different types of vegetation. Scientia Silvae Sinicae, 2005, 41(1): 10.

Perruchoud D, Joos F, Fischlin A, et al. Evaluating timescales of carbon turnover in temperate forest soils with radiocarbon data[J]. Global Biogeochemical Cycles, 1999, 13(2): 555 ~ 573.

Peterson G G, Neill C. Using soil ^{13}C to detect the historic presence of schizachyrium scoparium (little bluestem) grasslands on Martha's vineyard[J]. Restoration ecology, 2003, 11(1): 116 ~ 122.

Pickett S T A, Cadenasso M L. Landscape ecology: spatial heterogeneity in ecological systems[J]. Science, 1995, 269(5222): 331 ~ 334.

Popovic B. Mineralization of carbon and nitrogen in humus from field acidification studies[J]. Forest ecology and management, 1984, 8(2): 81 ~ 93.

Post W M, Kwon K C. Soil carbon sequestration and land - use change: processes and potential [J]. Global change biology, 2000, 6(3): 317 ~ 327.

Powers J S, Veldkamp E. Regional variation in soil carbon and δ13C in forests and pastures of northeastern Costa Rica[J]. Biogeochemistry, 2005, 72(3): 315 ~ 336.

Powers R F. Nitrogen mineralization along a latitudinal gradient: interactions of temperature, moisture and substrate quality [J]. Forest Ecology and Management, 1990, 30: 19 ~ 29.

Prentice I C, Farquhar G D, Fasham M J R, *et al.* The carbon cycle and atmospheric CO_2. In: The Third Assessment Report of Intergovernmental Panel on Climate Change (IPCC), chapter 3 Cambridge University Press, Cambridge. 2001.

Puri G, Ashman M R. Relationship between soil microbial biomass and gross N mineralisation[J]. Soil biology and biochemistry, 1998, 30(2): 251～256.

Raich J W, Potter C S. Global patterns of carbon dioxide emissions from soils[J]. Global Biogeochemical Cycles, 1995, 9(1): 23～36.

Rao P S C, Jessup R E, Reddy K R. Simulation of Nitrogen Dynamics in Flooded Soils1[J]. Soil Science, 1984, 138(1): 54～62.

Rapport D J. Evolution of indicators of ecosystem health[M]//Ecological indicators. Springer US, 1992: 121～134.

Reich P B, Grigal D F, Aber J D, et al. Nitrogen mineralization and productivity in 50 hardwood and conifer stands on diverse soils[J]. Ecology, 1997, 78(2): 335～347.

Reich P B, Grigal D F, Aber J D, et al. Nitrogen mineralization and productivity in 50 hardwood and conifer stands on diverse soils[J]. Ecology, 1997, 78(2): 335～347.

Reich P B, Hobbie S E, Lee T, et al. Nitrogen limitation constrains sustainability of ecosystem response to CO2[J]. Nature, 2006, 440(7086): 922～925.

Romero J A, Comín F A, García C. Restored wetlands as filters to remove nitrogen[J]. Chemosphere, 1999, 39(2): 323～332.

Sahu S C, Dhal N K, Lal B, et al. Differences in tree species diversity and soil nutrient status in a tropical sacred forest ecosystem on Niyamgiri hill range, Eastern Ghats, India[J]. Journal of Mountain Science, 2012, 9(4): 492～500.

Salifu K F, Timmer V R. Optimizing nitrogen loading of Picea mariana seedlings during nursery culture[J]. Canadian Journal of Forest Research, 2003, 33(7): 1287～1294.

Schimel D S, Braswell B H, Holland E A, et al. Climatic, edaphic, and biotic controls over storage and turnover of carbon in soils[J]. Global Biogeochemical Cycles, 1994, 8(3): 279～293.

Schimel J P, Firestone M K. Nitrogen incorporation and flow through a coniferous forest soil profile [J]. Soil Science Society of America Journal, 1989, 53(3): 779～784.

Schlesinger W H. Evidence from chronosequence studies for a low carbon－storage potential of soils [J]. Nature, 1990, 348(6298): 232～234.

Schneider E D. Monitoring for ecological integrity: the state of the art[J]. Ecological indicators, 1992, 2: 1403～1419.

Schulz E. Influence of site conditions and management on different soil organic matter (SOM) pools [J]. Archives of Agronomy and Soil Science, 2004, 50(1): 33～47.

Scott N A, Binkley D. Foliage litter quality and annual net N mineralization: comparison across North American forest sites[J]. Oecologia, 1997, 111(2): 151～159.

Seastedt T R, Hayes D C. Factors influencing nitrogen concentrations in soil water in a North American tallgrass prairie[J]. Soil Biology and Biochemistry, 1988, 20(5): 725 ~ 729. .

Skiba U, Sheppard L J, Pitcairn C E R, et al. The Effect of N Deposition on Nitrous Oxide and Nitric Oxide Emissions from TemperateForest Soils[J]. Water, Air, and Soil Pollution, 1999, 116 (1 ~ 2): 89 ~ 98.

Smith C J, Chalk P M, Crawford D M, et al. Estimating gross nitrogen mineralization and immobilization rates in anaerobic and aerobic soil suspensions[J]. Soil Science Society of America Journal, 1994, 58(6): 1652 ~ 1660.

Smith C K, Coyea M R, Munson A D. Soil carbon, nitrogen, and phosphorus stocks and dynamics under disturbed black spruce forests[J]. Ecological Applications, 2000, 10(3): 775 ~ 788.

Sollins P, Spycher G, Glassman C A. Net nitrogen mineralization from light - and heavy - fraction forest soil organic matter[J]. Soil Biology and Biochemistry, 1984, 16(1): 31 ~ 37.

Springob G, Kirchmann H. Bulk soil C to N ratio as a simple measure of net N mineralization from stabilized soil organic matter in sandy arable soils[J]. Soil Biology and Biochemistry, 2003, 35 (4): 629 ~ 632.

Ståhl M. The influence of organic carbon on nitrogen transformations in five wetland soils[J]. Soil Science Society of America Journal, 2000, 64(3): 1129 ~ 1136.

Stanford G, Epstein E. Nitrogen mineralization - water relations in soils[J]. Soil Science Society of America Journal, 1974, 38(1): 103 ~ 107.

Stanford G, Smith S J. Nitrogen mineralization potentials of soils[J]. Soil Science Society of America Journal, 1972, 36(3): 465 ~ 472.

Steltzer H. Soil carbon sequestration with forest expansion in an arctic forest tundra landscape[J]. Canadian Journal of Forest Research, 2004, 34(7): 1538 ~ 1542.

Stevenson F J, Cole M A. Cycles of soil carbon, nitrogen, phosphorus, sulfur, micronutrients [M]. USA: JohnWiley & Sons Inc, 1999. Stevenson FJ. Origin and distribution of nitrogen in soil. In: Nitrogen in Agricultural Soils. Edited by Stevenson FJ. [C]. Madison, Wisconsin: American Society of Agronomy, 1982, 1 ~ 42.

Sulkava P, Huhta V, Laakso J, *et al.* Impact of soil faunal structure on decomposition and N - mineralization in relation to temperature and moisture in forest soil [J]. Pedobiology, 1996, 40: 505 ~ 513.

Sundquist E T. The global carbon dioxide budget[J]. SCIENCE - NEW YORK THEN WASHINGTON -, 1993, 259: 934 ~ 934.

Tamm CO. Nitrogen in terrestrial ecosystems: questions of productivity, vegeational changes, and ecosystem stability. [M]. Berlin: Springer - Verlag, 1991.

Thuille A, Buchmann N, Schulze E D. Carbon stocks and soil respiration rates during deforestation, grassland use and subsequent Norway spruce afforestation in the Southern Alps, Italy[J].

Tree physiology, 2000, 20(13): 849~857.

Torn M S, Trumbore S E, Chadwick O A, et al. Mineral control of soil organic carbon storage and turnover[J]. Nature, 1997, 389(6647): 170~173.

Trumbore S E, Chadwick O A, Amundson R. Rapid exchange between soil carbon and atmospheric carbon dioxide driven by temperature change[J]. SCIENCE - NEW YORK THEN WASHINGTON -, 1996: 393~395.

Van Veen J A, Ladd J N, Frissel M J. Modelling C and N turnover through the microbial biomass in soil[J]. Plant and Soil, 1984, 76(1~3): 257~274.

Veldkamp E. Organic carbon turnover in three tropical soils under pasture after deforestation[J]. Soil Science Society of America Journal, 1994, 58(1): 175~180.

Verhoeven J T A, Keuter A, Van Logtestijn R, et al. Control of local nutrient dynamics in mires by regional and climatic factors: a comparison of Dutch and Polish sites[J]. Journal of Ecology, 1996: 647~656.

Virginia R A, Jarrell W M. Soil properties in a mesquite - dominated Sonoran Desert ecosystem [J]. Soil Science Society of America Journal, 1983, 47(1): 138~144.

Vitousek P M, Matson P A. Mechanisms of nitrogen retention in forest ecosystems: a field experiment[J]. Science, 1984, 225(4657): 51~52.

Vitousek P M, Mooney H A, Lubchenco J, et al. Human domination of Earth's ecosystems[J]. Science, 1997, 277(5325): 494~499.

Vitousek P M, Sanford R L. Nutrient cycling in moist tropical forest[J]. Annual review of Ecology and Systematics, 1986, 17: 137~167.

Wang L, Ouyang H, Zhoum C P, *et al* . Soil organic matter dynamics along a vertical vegetation gradient in the Gongga Mountain on the Tibetan Plateau[J]. Journal of Integrative Plant Biology, 2005, 47(4): 411~420.

Wang S, Tian H, Liu J, et al. Pattern and change of soil organic carbon storage in China: 1960s - 1980s[J]. Tellus B, 2003, 55(2): 416~427.

Wang S, Huang M, Shao X, et al. Vertical distribution of soil organic carbon in China[J]. Environmental management, 2004, 33(1): S200~S209.

Wang Y, Li Y, Ye X, et al. Profile storage of organic/inorganic carbon in soil: From forest to desert[J]. Science of the Total Environment, 2010, 408(8): 1925~1931.

Western A W, Zhou S L, Grayson R B, et al. Spatial correlation of soil moisture in small catchments and its relationship to dominant spatial hydrological processes[J]. Journal of Hydrology, 2004, 286(1): 113~134.

Willems J, Marinissen J C Y, Blair J. Effects of earthworms on nitrogen mineralization[J]. Biology and Fertility of Soils, 1996, 23(1): 57~63.

Winkler J P, Cherry R S, Schlesinger W H. The Q < sub > 10 < /sub > relationship of microbial respiration in a temperate forest soil[J]. Soil Biology and Biochemistry, 1996, 28(8): 1067~1072.

Xu G L, Mo J M, Zhou G Y, et al. Preliminary response of soil fauna to simulated N deposition in three typical subtropical forests[J]. Pedosphere, 2006, 16(5): 596~601.

Zhou C, Zhou Q, Wang S. Estimating and analyzing the spatial distribution of soil organic carbon in China[J]. AMBIO: A Journal of the Human Environment, 2003, 32(1): 6~12.

安尼瓦尔·买买提，杨元合，郭兆迪，等．新疆天山中段巴音布鲁克高山草地碳含量及其垂直分布[J]．植物生态学报，2006，30(4)：545~552.

安树青，王峥峰，朱学雷，等．土壤因子对次生森林群落物种多样性的影响[J]．武汉植物学研究，1997，15：143~150.

白军红，邓伟，朱颜明，等．霍林河流域湿地土壤碳氮空间分布特征及生态效应[J]．应用生态学报，2003，14(9)：1494~1498.

白军红，邓伟，朱颜明，等．水陆交错带土壤氮素空间分异规律研究——以月亮泡水陆交错带为例[J]．环境科学学报，2002，22(3)：343~348.

白军红，李晓文，崔保山，等．湿地土壤氮素研究概述[J]．土壤，2006，38(2)：143~147.

白军红，欧阳华，邓伟，等．湿地氮素传输过程研究进展[J]．生态学报，2005，25(2)：326~333.

白人海．气候变化与松嫩流域黑土退化[J]．黑龙江气象，2005，27(3)：6~7.

鲍士旦．土壤农化分析[M]．北京：中国农业出版社，1999.

蔡春轶，黄建辉．四川都江堰地区桢楠林、杉木林和常绿阔叶林土壤N库的季节变化[J]．生态学报，2006，26(8)：2540~2548.

陈亮中．三峡库区主要森林植被类型土壤有机碳研究[D]．北京：北京林业大学．2007

陈启斌，樊贵盛．山西省漳泽水库水环境综合治理总体方案[J]．人民黄河，2011，33(4)：79~81.

陈庆美，王绍强，于贵瑞．内蒙古自治区土壤有机碳，氮蓄积量的空间特征[J]．应用生态学报，2003，14(5)：699~704.

陈全胜，李凌浩，韩兴国，等．水分对土壤呼吸的影响及机理[J]．生态学报，2003，23(5)：972~978.

陈欣，沈善敏，张璐，等．N，P供给对作物排放N_2O的影响研究初报[J]．应用生态学报，1995，6(1)：104~105.

陈玉福，董鸣．生态系统的空间异质性[J]．生态学报，2003，23(2)：346~352.

陈展，尚鹤，姚斌．美国湿地健康评价方法[J]．生态学报，2009，29(9)：5016~5022.

程慎玉，张宪洲．土壤呼吸中根系与微生物呼吸的区分方法与应用Ⅲ[J]．地球科学进展，2003，18(4).

程占红，张金屯，吴必虎，等．芦芽山自然保护区旅游开发与植被环境关系——植被景观的类型及其排序[J]．生态学报，2006，26(6)：1940~1946.

崔保山，杨志峰．湿地生态系统健康评价指标体系Ⅰ．理论[J]．生态学报，2002，22(7)：

1005～1011.

崔保山，杨志峰．湿地生态系统健康评价指标体系Ⅱ. 方法与案例[J]. 生态学报，2002，22(7)：1231～1239.

崔保山，杨志峰．湿地生态系统健康研究进展[J]. 生态学报杂志，2001，20(3)：31～36.

戴科伟．江苏盐城湿地珍禽国家级自然保护区生态安全研究[D]. 南京：南京师范大学，2007.

邓小文，韩士杰．氮沉降对森林生态系统土壤碳库的影响[J]. 生态学杂志．2007，26(10)：1622～1627.

樊后保，袁颖红．王强，等．氮沉降对杉木人工林土壤有机碳和全氮的影响[J]. 福建林学院学报，2007，27(1)：1～6.

方精云，刘国华，徐高龄．中国陆地生态系统碳循环及其全球意义[M]. 见：现代生态学的热点问题研究．北京：中国环境科学出版社，1996.

傅德平，何龚，袁月，等．艾比湖湿地植物群落特征与土壤环境关系研究[J]. 江西农业学报，2008，20(5)：106～109.

谷东起，赵晓涛，夏东兴．中国海岸湿地退化压力因素的综合分析[J]. 海洋学报，2003，25(1)：78～85.

谷东起．山东半岛泻湖湿地的发育过程及其环境退化研究——以朝阳港泻湖为例[D]. 青岛：中国海洋大学，2003.

郭逍宇，张金屯，宫辉力，等．安泰堡矿区复垦地植被恢复过程多样性变化[J]. 生态学报，2005，25(4)：763～770.

长治市统计局．长治统计年鉴2010[M]. 北京：中国统计出版社，2010.

韩大勇，杨永兴，杨杨，等．湿地退化研究进展[J]. 生态学报，2012，32(4)：1293～1307.

韩兴国，李凌浩，黄建辉．生物地球化学概论[M]. 北京：高等教育出版社、施普林格出版社，1999. 197～244.

何池全，崔保山，赵志春．吉林省典型湿地生态评价[J]. 应用生态学报．2001，12(5)：754～756.

何雪芬，高翔，吕光辉，等．艾比湖湿地自然保护区植物群落多样性对土壤理化因子的响应[J]. 新疆农业科学，2010，47(005)：1018～1024.

贺强，崔保山，赵欣胜，等．黄河河口盐沼植被分布，多样性与土壤化学因子的相关关系[J]. 生态学报，29(2)：676～687.

胡启武，欧阳华，刘贤德．祁连山北坡垂直带土壤碳氮分布特征[J]. 山地学报．2006，6(11)：654～661.

黄昌勇．土壤学[M]. 北京：中国农业出版社，2000.

黄宇，冯宗炜，汪思龙，等．杉木、火力楠纯林及其混交林生态系统C、N贮量[J]. 生态学报，2005，25(12)：3146～3154.

江源，章异平，杨艳刚，等．放牧对五台山高山、亚高山草甸植被土壤系统耦合的影响

[J]. 生态学报, 2010, 30(4): 837~846.
姜勇, 张玉革, 梁文举, 等. 潮棕壤不同利用方式有机碳剖面分布及碳储量[J]. 中国农业科学, 2005, 38(3): 544~550.
金峰, 杨浩, 赵其国. 土壤有机碳储量及影响因素研究进展[J]. 土壤, 2000, 32(1): 11~17.
李克让, 王绍强, 曹明奎. 中国植被和土壤碳储量[J]. 中国科学(D), 2003, 33(1): 72~78.
李丽, 高俊琴, 雷光春, 等. 若尔盖不同地下水位泥炭湿地土壤有机碳和全氮分布规律[J]. 生态学杂志, 2011, 30(11): 2449~2455.
李凌浩. 土地利用变化对草原生态系统土壤碳储量的影响[J]. 植物生态学报. 1998, 22(4): 300~302.
李顺姬, 邱莉萍, 张兴昌. 黄土高原土壤有机碳矿化及其与土壤理化性质的关系[J]. 生态学报, 2010, 30(5): 1217~1226.
李素清, 武冬梅, 王涛, 等. 山西长治湿地草本植物优势种群和群落的空间格局分析[J]. 草业学报, 2011, 20(3): 43~50.
李文艳, 陈庆锋, 李平. 湿地评价方法研究综述. 2010, 38(15): 8135~8137.
李新荣, 张景光. 我国干旱沙漠地区人工植被与环境演变过程中植物多样性的研究[J]. 植物生态学报, 2000, 24(3): 257~261.
李英臣, 宋长春. 氮磷输入对湿地生态系统碳蓄积的影响[J]. 土壤通报, 2012, 43(1): 224~229.
李永建. 拉鲁湿地生态环境质量评价的景观生态学方法应用研究[D]. 成都: 四川大学, 2002.
李志安, 邹碧, 丁永祯, 等. 森林凋落物分解重要影响因子及其研究进展[J]. 生态学杂志, 2004, 23(6): 77~83.
林心雄, 文启孝, 程励励, 等. 土壤中有机物质分解的控制因素研究[J]. 土壤学报, 1995, 32(增刊2): 41~48.
林心雄. 中国土壤有机质状况及其管理[G]//沈善敏. 中国土壤肥力. 北京: 中国农业出版社, 1998, 111~153.
刘春英, 周文斌. 我国湿地碳循环的研究进展[J]. 土壤通报, 2012, 43(5): 1264~1270.
刘光崧, 蒋能慧, 张连弟, 等. 土壤理化分析与剖面描述[M]. 北京: 中国标准出版社, 1996.
刘绍辉, 方精云. 土壤呼吸的影响因素及全球尺度下温度的影响[J]. 生态学报, 1997, 17(5): 469~476.
刘璐, 曾馥平, 宋同清, 等. 喀斯特木论自然保护区土壤养分的空间变异特征. 应用生态学报, 2010, 21(7): 1667~1673.
刘毅, 李世清, 邵明安, 等. 黄土高原不同土壤结构体有机碳库的分布[J]. 应用生态学报,

2006, 17(6): 1003 ~ 1008.

刘永，郭怀成，戴永立，等. 湖泊生态系统健康评价方法研究[J]. 环境科学学报，2004，24(4): 723 ~ 729.

刘子刚，赵金兰. 湿地生态系统健康评价研究——以黑龙江省七星河国家级自然保护区为例[J]. 2009，(7): 150 ~ 153.

吕国红，周莉，赵先丽，等. 芦苇湿地土壤有机碳和全氮含量的垂直分布特征[J]. 应用生态学报，2006，17(3): 384 ~ 389.

吕宪国，何岩. 杨青，等. 湿地碳循环及其在全球变化中的意义[C]//陈宜瑜，中国湿地研究，长春：吉林科学技术出版社，1995，68 ~ 71.

麦少芝，徐颂军，潘颖军. PSR 模型在湿地生态系统健康评价中的应用[J]. 热带地理，2005，25(4): 317 ~ 321.

毛义伟. 长江口沿海湿地生态系统健康评价[D]. 华东师范大学硕士论文，2008.

毛志刚，王国祥，刘金娥，等. 盐城海滨湿地盐沼植被对土壤碳氮分布特征的影响[J]. 应用生态学报，2009，20(2): 293 ~ 297.

美国环境保护局近海监测处. 河口环境监测指标[M]. 北京：海洋出版社，1997，112 ~ 143.

倪晋仁，刘元元. 河流健康诊断与生态修复[J]. 中国水利，2006，13: 4 ~ 10.

欧阳志云，王如松，赵景柱. 生态系统服务功能及其生态价值评价[J]. 应用生态学报，1999，10(5): 635 ~ 640.

潘根兴，李恋卿，张旭辉，等. 中国土壤有机碳库量与农业土壤碳固定动态的若干问题[J]. 地球科学进展，2003，18(4): 609 ~ 618.

彭佩钦，张文菊，童成立，等. 洞庭湖湿地土壤碳、氮、磷及其与土壤物理性状的关系[J]. 应用生态学报，2005.

彭少麟，刘强. 森林凋落物动态及其对全球变暖的响应[J]. 生态学报，2002，22(9): 1534 ~ 1544.

齐玉春，董云社，耿元波，等. 我国草地生态系统碳循环研究进展[J]. 地理科学进展. 2003，22(4): 342 ~ 352.

任京辰，张平究，潘根兴，等. 岩溶土壤的生态地球化学特征及其指示意义[J]. 地球科学进展，2006，21(5): 504 ~ 512.

沈玉娟，赵琦齐，冯育青，等. 太湖湖滨带土壤活性有机碳沿水分梯度的变化特征[J]. 生态学杂志，2011，30(6): 1119 ~ 1124.

石福臣，李瑞利，王绍强，Sasa Kaichiro. 三江平原典型湿地土壤剖面有机碳及全氮分布与积累特征[J]. 应用生态学报，2007，18(7): 1425 ~ 1431.

史德明，史学正，梁音，等. 我国不同空间尺度土壤侵蚀的动态变化[J]. 水土保持通报，2005，25(05): 85 ~ 89.

苏松锦，刘金福，何中声，等. 格氏栲天然林土壤养分空间异质性[J]. 生态学报，2012

(18)：5673~5682.

孙维霞，史学正，于东升，等．我国东北地区土壤有机碳密度和储量的估算研究[J]．土壤学报，2004，41(2)：298~300.

唐铭．西北地区城市湿地公园评价体系研究——以兰州银滩湿地公园为例[J]．山东农业大学学报：自然科学版，2010，41(1)：80~86.

陶贞，沈承德，高全洲，等．高寒草甸土壤有机碳储量及其垂直分布特征[J]．地理学报，2006，61(7)：720~728.

汪朝辉，王克林，许联芳．湿地生态系统健康评估指标体系研究[J]．国土与自然资源研究，2003，4：63~64.

王长庭，龙瑞军，曹广民，等．三江源地区主要草地类型土壤碳氮沿海拔变化特征及其营养因素[J]．植物生态学报，2010，30(3)：441~449.

王晶，张旭东，解宏图．现代土壤有机质研究中新的量化指标概述[J]．应用生态学报，2003，14(10)：1809~1812.

王琳，欧阳华，周才平，等．贡嘎山东坡土壤有机质及氮素分布特征[J]．地理学报，2004，59(4)：1012~1020.

王琳，张金屯，上官铁梁，等．历山山地草甸的物种多样性及其与土壤理化性质的关系[J]．应用与环境生物学报，10(1)：18~22.

王玲玲，曾光明，黄国和，等．湖滨湿地生态系统稳定性评价[J]．生态学报，2005，25(12)：3406~3410.

王纳纳，陈颖，应娇妍，等．内蒙古草原典型植物对土壤微生物群落的影响[J]．植物生态学报，2013，37(8)：000~000.

王淑平，周广胜，高素华，等．中国东北样带土壤活性有机碳的分布及其对气候变化的响应[J]．植物生态学报，2003，27(6)：780~785.

王薇．黄河三角洲湿地生态系统健康综合评价研究[D]．泰安：山东农业大学，2010.

王祥荣．多项式逐步回归优化模型在浙江天童植物—土壤相关研究中的应用[J]．武汉植物学研究，1993，11，174~180.

王小燕，周华荣，翟斌．干旱区山麓带植物群落特征指数与土壤因子关系初探[J]．干旱区资源与环境，2010，24：122~129.

王艳芬，陈佐忠，Larry T. 人类活动对锡林郭勒地区主要草原土壤有机碳分布的影响[J]．植物生态学报，1998，22(6)：545~551.

王莹．GIS技术支持下的湿地健康评价决策支持系统研究[D]．华东师范大学硕士论文，2010.

王政权．地统计学在生态学中的应用[M]．北京：科学出版社，1999.

王治良，王国祥．洪泽湖湿地生态系统健康评价指标体系探讨[J]．中国生态农业学报，2007，15(6)：153~155.

王忠欣，栾兆擎，刘贵花．洪河国家级自然保护区浓江河滨湿地植物对土壤环境因子的响应．湿地科学，2013，11，54～59.

吴金水，童成立，刘守龙．亚热带和黄土高原区耕作土壤有机碳对全球气候变化的响应［J］. 地球科学进展，2004，19(1)：131～137.

武小钢．采伐迹地华北落叶松种群自然更新格局研究［D］. 太谷：山西农业大学，2005.

武小钢，郭晋平．关帝山华北落叶松天然更新种群结构与空间格局研究［J］. 武汉植物学研究. 2009，27(2)：165～170.

武小钢，郭晋平，杨秀云，等．芦芽山典型植被土壤有机碳剖面分布特征及碳储量［J］. 生态学报，2011，31(11)：3009～3019.

武小钢．芦芽山沿海拔梯度典型植被类型下土壤有机碳、氮的分布特征研究［D］. 太谷：山西农业大学．2011.

武小钢，郭晋平，田旭平，等．芦芽山亚高山草甸、云杉林土壤有机碳、全氮含量的小尺度空间异质性研究［J］. 生态学报，2012(12)，待发表．

武甲．长治市国家湿地公园生态保护及景观开发的研究［D］. 西北农林科技大学，2012.

向成华，栾军伟，骆宗诗，等．川西沿海拔梯度典型植被类型土壤活性有机碳分布［J］. 生态学报，2010，30(4)：1025～1034.

解宪丽，孙波，周慧珍，等．不同植被下中国土壤有机碳的储量与影响因子［J］. 土壤学报．2004，41(2)：687～699.

肖德荣，田昆，张利权．滇西北高原纳帕海湿地植物多样性与土壤肥力的关系［J］. 生态学报，2008，28(7)：3116～3124.

熊汉锋．梁子湖湿地土壤—水—植物系统碳氮磷转化研究［D］. 武汉：华中农业大学，2005，15～16.

徐建华．现代地理学中的数学方法［M］. 北京：高度教育出版社，2002.

徐秋芳．植被土壤活性有机碳库的研究［D］. 浙江：浙江大学，2003.

徐侠，陈月琴，汪家社，等．武夷山不同海拔高度土壤活性有机碳变化［J］. 应用生态学报. 2008，19(3)：539～544.

杨继松，刘景双，孙丽娜．温度、水分对湿地土壤有机碳矿化的影响［J］. 生态学杂志，2008，27(1)：38～42.

杨丽韫，罗天祥，吴松涛．长白山原始阔叶红松林不同演替阶段地下生物量与碳、氮贮量的比较［J］. 应用生态学报，2005，16(7)：1195～1199.

杨万勤，张健，胡庭兴，等．森林土壤生态学［M］. 成都：四川科学技术出版社，2006.

俞小明，王纯，陈春来，等．河口滨海湿地评价指标体系研究［J］. 国土与自然资源研究，2006，(2)：42～44.

杨秀云，韩有志，宁鹏，等．砍伐干扰对华北落叶松林下土壤有效氮含量空间异质性的影响［J］. 环境科学学报，2011，31(2)：430～439.

杨秀云，韩有志，宁鹏，等．采伐干扰对华北落叶松林下土壤水分、pH 和全氮空间变异的影响［J］. 土壤学报，2011，48(2)：356～365.

杨秀云，郭平毅，韩有志，等．采伐干扰对林下草本根系生物量与土壤环境异质性关系的影响．植物科学学报，2012，30(6)：545～551.

杨秀云，韩有志，武小钢．华北落叶松林细根生物量对土壤水分、氮营养空间异质性改变的响应．植物生态学报，2012，36(9)：965～972.

杨秀云，韩有志，张芸香，等．采伐干扰对华北落叶松细根生物量空间异质性的影响．生态学报，2012，32(1)：64～73.

袁军，吕宪国．湿地功能评价两级模糊模式识别模型的建立及应用[J]．林业科学，2005，41(4)：1～6.

袁中兴，刘红．生态系统健康评价——概念构架与指标选择[J]．应用生态学报，2001，12(4)：628～629.

曾从盛，钟春棋，仝川，等．土地利用变化对闽江河口湿地表层土壤有机碳含量及其活性的影响[J]．水土保持学报，2008.

张春娜，延晓冬，杨剑虹．中国森林土壤氮储量估算[J]．西南农业大学学报(自然科学版)，2004，26(5)：572～575.

张江英，周华荣，高梅．白杨河—艾里克湖湿地及周边植物群落与环境因子的关系[J]．干旱区地理，2007，30(1)：101～107.

张金屯．芦芽山亚高山草甸优势种群和群落的二维格局分析[J]．生态学报，2005，25(6)：1264～1268.

张金屯．山西芦芽山植被垂直带的划分[J]．地理科学．1989，9(4)：346～353.

张昆，吕宪国，田昆．纳帕海高原湿地土壤有机质对水分梯度变化的响应[J]．云南大学学报，2008，30(4)：424～427.

张丽霞，张峰，上官铁梁．山西芦芽山植物群落的数量分类[J]．植物学通报．2001，18(2)：231～239.

张鹏，张涛，陈年来．祁连山北麓山体垂直带土壤碳氮分布特征及影响因素[J]．应用生态学报，2009，20(3)：518～524.

张晓龙．现代黄河三角洲滨海湿地环境演变及退化研究[D]．青岛：中国海洋大学，2005.

张兴昌，邵明安．水蚀条件下不同土壤氮素和有机质流失规律[J]．应用生态学报，2000，11(2)：231～234.

张雪妮．艾比湖湿地自然保护区土壤碳库研究[D]．乌鲁木齐：新疆大学，2011.

张永泽．自然湿地生态恢复研究概述[J]．生态学报，2001，21(2)：309～314.

赵传燕，李林．兰州市郊区土壤水稳定性微团聚体的组成分析[J]．兰州大学学报（自然科学版)，2003，39(6)：90.94.

赵欣胜，崔保山，孙涛，等．黄河三角洲潮沟湿地植被空间分布对土壤环境的响应[J]．生态环境学报，2010，19(8)：1855～1861.

周广胜，王玉辉，蒋延玲，等．陆地生态系统类型转变与碳循环[J]．植物生态学报，2002，26(2)：250～254.

周莉，李保国，周广胜．土壤有机碳的主导影响因子及其研究进展[J]．地球科学进展．2005，20(1)：99～105.

周涛，史培军，王绍强．气候变化及人类活动对中国土壤有机碳储量的影响[J]．地理学报，2003，58(5)：727～735.

周焱，徐宪根，阮宏华，等．武夷山不同海拔高度土壤有机碳矿化速率的比较[J]．生态学杂志．2008，27(11)：1901～1907.

朱智洺，冯步云，刘磊．沿海湿地生态系统健康预警指标体系的设计[J]．生态与农村环境学报，2010，26(5)：436～441.

作者简介

武小钢，男，汉族，1977年12月生，副教授，博士，中国科学院生态环境研究中心博士后经历，现任职山西农业大学林学院。长期从事土壤碳、氮循环及城市生态学方面的研究，发表核心期刊研究性论文20余篇，编写教材2部，获山西省科技进步二等奖1项。